高等职业教育计算机教育新形态系列教材

Web前端开发项目式教程

（HTML5+CSS3+JavaScript）

刘姗姗　马妍妍　林淑云　宗京秀◎主　编
王　谦　夏兆民　刘　斌　韩　琦◎副主编

中国铁道出版社有限公司
CHINA RAILWAY PUBLISHING HOUSE CO., LTD.

内 容 简 介

本书以构建 Web 开发核心能力为目标，系统讲解前端必备技术与实践方法。全书通过 4 个项目（包含 10 个任务，9 个进阶训练）模拟真实的任务开发场景，任务遵循“任务目标→知识准备→任务实施→进阶训练→课后练习”的学习主线，分别介绍了网页基础知识、HTML5 语法结构和基础标签、CSS 基础样式及动画等高级样式、盒子模型、HTML5 表单、多媒体标签的使用和 JavaScript 基础知识。每个实训案例都包含了对前面知识的复习和巩固，致力于营造真实的工作情境，引导学生掌握 Web 前端核心技术，并形成良好的职业素养。

本书适合作为高等职业院校“Web 前端开发”课程的教材，也可作为“1+X”Web 前端开发（中级）职业技能等级证书的考试参考书，还可供从事网页制作、网站开发、网页编程等工作的人员参考。

图书在版编目（CIP）数据

Web前端开发项目式教程 ：HTML5+CSS3+JavaScript / 刘姗姗等主编. -- 北京 ：中国铁道出版社有限公司, 2025. 7. --（高等职业教育计算机教育新形态系列教材）. -- ISBN 978-7-113-31906-9

Ⅰ. TP393.092.2

中国国家版本馆CIP数据核字第2025E1L221号

书　　名：Web 前端开发项目式教程（HTML5+CSS3+JavaScript）
作　　者：刘姗姗　马妍妍　林淑云　宗京秀

策　　划：祁　云　潘晨曦　　　编辑部电话：（010）63549458
责任编辑：祁　云　彭立辉
封面设计：刘　颖
责任校对：安海燕
责任印制：赵星辰

出版发行：中国铁道出版社有限公司（100054，北京市西城区右安门西街 8 号）
网　　址：https://www.tdpress.com/51eds
印　　刷：河北京平诚乾印刷有限公司
版　　次：2025 年 7 月第 1 版　2025 年 7 月第 1 次印刷
开　　本：850 mm×1 168 mm　1/16　印张：15　字数：379 千
书　　号：ISBN 978-7-113-31906-9
定　　价：49.80 元

高等职业教育计算机教育新形态系列教材

编审委员会

序

党的二十大报告提出，要“深化教育领域综合改革，加强教材建设和管理”。中国铁道出版社有限公司与山东计算机学会职业教育发展专业委员会以党的二十大精神为引领，在职业教育适应新技术和产业变革需要的大背景下，坚持以科技、行业进步和产业转型发展为驱动，创新教材呈现方式和话语体系，推进教材建设创新发展，努力加快建设中国特色高水平教材，形成引领示范效应，共同策划组织了这套“高等职业教育计算机教育新形态系列教材”。本系列教材在编写思路上进行了充分的调研和精心的设计，主要体现在以下五个方面。

一、坚持正确的政治方向和价值导向。本系列教材本着弘扬劳动光荣、技能宝贵、创造伟大的时代风尚，旨在培养学生精益求精的大国工匠精神，激发学生科技报国的家国情怀和使命担当。

二、遵循职业教育教学规律和人才成长规律。本系列教材符合学生认知特点，体现先进职业教育理念，以真实生产项目、典型工作任务等为载体，体现产业发展的新技术、新工艺、新规范、新标准，反映人才培养模式改革方向，将知识、能力和正确价值观的培养有机结合，适应专业建设、课程建设、教学模式与方法改革创新等方面的需要，满足项目学习、案例学习、模块化学习等不同学习方式要求，有效地激发学生学习兴趣和创新潜能。

三、科学合理编排教材内容。本系列教材设计逻辑严谨、梯度明晰，文字表述规范、准确流畅；名称、术语、图表规范等符合国家有关技术质量标准和规范。

四、集成创新数字化教学资源。本系列教材具有配套建设的数字化资源，包括教学课件、教学案例、教学视频、动画以及试题库等，部分教材具有相应的课程教学平台和教学软件，学生可充分利用现代教育技术手段，提高课程学习效果。同时，将教材建设与课程建设结合起来，努力实现集成创新，深入推进教与学的互动，有利于教师根据教学反馈及时更新与优化教学策略，有效提升课堂的活跃互动程度，真正做到因材施教，做到方便教学、便于推广。

五、构建专家编审组织及产教融合编写团队。本系列教材由全国知名专家、教科研专家、职业教育专家及行业企业的专家组成编审委员会，他们在相关学术领域、教材或教学方面取得有影响的研究成果，熟悉相关行业发展前沿知识与技术，有丰富的教材编写经验，由他们负责对系列教材进行总体思路确立、编写、指导、审稿把关，以确保每种教材的质量。每种教材尽可能科教协同、校企协同、校际协同开展教材编写，并且大部分教材都是具有高级职称的专业带头人或资深专家领衔编写，全面提升教材建设的科学化水平，打造一批满足专业建设要求、支撑人才成长需要、经得起历史和实践检验的精品教材。

本系列教材内容前瞻、特色明显、资源丰富，是值得关注的一套好教材。希望本系列教材能实现促进计算机专业及技能人才培养质量提升的要求和愿望，为高等职业教育的高质量发展起到推动作用。

2023年1月

前言

在当今数字化时代，Web 前端开发扮演着至关重要的角色。从精美的网页界面到流畅的用户交互，前端开发技术不断推动着互联网的发展与创新。本书全面贯彻党的二十大精神，以社会主义核心价值观为引领，传承与发扬中国优秀传统文化，将工匠精神、爱国精神、科技创新精神等思政元素融入开发案例，致力于引导学生形成正确的世界观、人生观、价值观。

在编写本书的过程中，我们秉持专业、系统、实用的原则，通过清晰的讲解和丰富的案例，逐步引导学生掌握 HTML、CSS和JavaScript等核心技术，了解如何构建结构良好的网页布局，运用样式美化页面，以及使用JavaScript实现动态交互效果。

本书采用“任务驱动、案例教学、过程指导、探究实践”的编写模式，通过4个项目（包含10个任务，9个进阶训练）模拟真实的任务开发场景，任务遵循“任务目标→知识准备→任务实施→进阶训练”的学习主线，使学生置身于真实的工作情境中。本书具有以下特点：

1. 立德树人、思政先行

本书将工匠精神、爱国情怀、科技强国等思政元素融入任务中，通过制作奥运奖牌榜、科技助农网页，将理想信念教育、乡村振兴战略等有机融入教学。同时，通过制作航天新闻网页、航天知识竞赛网页，展现我国科技创新驱动发展成果，从而培养学生的爱国主义情怀，增强学生的社会责任意识和自主创新意识，培养学生乐于奉献的精神。

2. 专创融合、创新实践

本书结合Web前端开发技能要求与双创教育需求，将网页的创新设计、功能的创新应用、审美的创新突破和网站的创新开发作为专创融合重点内容，有机融入各个任务中。

3. 任务驱动、岗课融通

本书4个项目的主题分别为“知己”、“知彼”、“知天文”和“知地理”。其中，“知己”和“知彼”旨在通过制作个人简历和招聘网站了解当前的Web前端就业形势，清晰自我定位，明确岗位需求，实现岗课融通；“知天文”和“知地理”旨在通过制作相关网页了解我国航天科技的迅猛发展，厚植爱国情怀和科技强国的内驱力。

本书参考学时为64学时，各项目主要内容及参考学时如下：

项 目	任 务	主 要 内 容	参考学时
知己——制作个人简历网站	任务一 初识网页结构	① HTML 相关概念，HTML 发展历史； ② 搭建网页开发环境	4
	任务二 制作个人简历	① HTML 基本结构和基本标记； ② 文本、图片、超链接、列表等基本标签及其属性	6
	任务三 美化个人简历	① 引入CSS样式、常用的CSS属性； ② CSS常用选择器和CSS高级特性	8
知彼——制作招聘网站	任务一 制作招聘网站导航栏	① 盒子模型的概念； ② 边框、内边距、外边距等盒子模型基本属性； ③ 元素类型转换	8
	任务二 制作招聘网站首页	① 元素的浮动及清除浮动； ② 元素的定位：static、relative、absolute、fixed	6
	任务三 制作Web前端岗位展示页面	① 弹性盒布局flex的使用； ② 容器属性：flex-direction、justify-content等； ③ 项目属性：order、flex-grow等	8
知天文——制作航天知识竞赛网站	任务一 制作航天知识竞赛页面	① 表单和input标签的使用及其属性； ② radio、checkbox、label等标签的使用及其属性； ③ select标签、textarea标签	4
	任务二 制作航天新闻页面	音频、视频标签的使用	4
知地理——制作天气预报网站	任务一 制作天气预报展示页面	① 过渡与变形； ② 动画的创建与使用； ③ 定义动画的关键帧、设置动画属性	6
	任务二 制作天气预报查询页面	① JavaScript基础语法格式； ② JavaScript变量与函数； ③ DOM简介	10
合 计			64

本书还配备了丰富的教学资源，微课视频可通过扫描二维码观看，教学大纲、教学课件、教案、源代码以及练习题和实践项目等，可登录中国铁道出版社教育资源数字化平台https://www.tdpress.com/51eds获取。

本书由济南工程职业技术学院的刘姗姗、马妍妍、林淑云、宗京秀担任主编，王谦、夏兆民刘斌、韩琦担任副主编。其中刘姗姗编写项目一的任务一、任务二和项目二的任务三，马妍妍编写项目三和项目四的任务二，林淑云编写项目二的任务一和任务二，宗京秀编写项目一的任务三和项目四的任务一，王谦、刘斌、韩琦、夏兆民负责各任务进阶部分的实现。为落实产教融合、校企合作开发，特邀请济南博赛网络技术有限公司的工程师参与本书编写指导。

我们深知学习是一个不断探索和实践的过程。因此，在阅读本书的过程中，希望读者积极动手实践，勇于尝试新的技术和方法。无论读者未来的目标是成为一名专业的Web前端开发工程师，还是希望为自己的项目增添精彩的网页界面，通过学习本书都将获得宝贵的知识和技能。让我们一起踏上Web前端开发的精彩之旅，共同探索这个充满无限可能的领域。

虽然我们精心组织，认真编写，书中仍难免存在疏漏和不妥之处，恳请各界专家和广大师生不吝赐教、批评指正。

编 者

2025年5月

目录

项目一
知己——制作个人简历网站

项目描述

在数字化时代，个人简历不仅是求职者向潜在雇主展示自身能力和经验的重要方式，也是个人品牌塑造的关键环节。精心设计编排的个人简历不仅能够展现专业技能与项目经验，更能体现个人对社会责任的担当与积极向上的价值观。

本项目围绕“知己——制作个人简历网站”这一主题，深入探索HTML与CSS的应用，打造一个既美观又实用的个人简历网页。此项目旨在帮助学生将所学的HTML标签和CSS样式知识运用于实际项目中，同时培养对用户体验（UX）和视觉设计（UI）的敏感度。

知识图谱

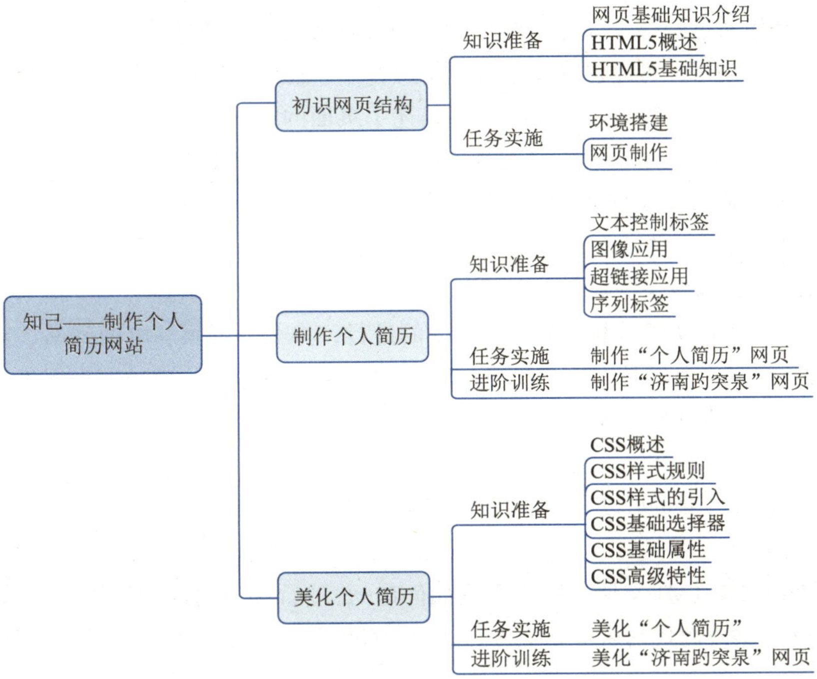

任务一 初识网页结构

任务目标

素质目标：

- 培养学生坚定的爱国主义理想信念。
- 培养学生精益求精的工匠精神。
- 培养学生认真钻研的拼搏精神。

知识目标：

- 了解HTML5的发展历史、应用，支持HTML5的浏览器类型。
- 掌握新建项目和浏览页面的方法。
- 了解HTML5的基本结构。

能力目标：

- 掌握HBuilderX的安装方法。
- 实现第一个简易网页编写。

知识准备

视频

网页基础知识介绍

一、网页基础知识介绍

1. 网页的概念

网页是指通过网络（如互联网）访问的具有特定内容和格式的文档。它由HTML（超文本标记语言）编写，可以包含文本、图像、音频、视频、链接和其他多媒体元素。网页通常由一系列的HTML标签组成，这些标签描述了页面的结构和内容。通过使用CSS（层叠样式表）和JavaScript等技术，可以对网页进行样式美化和交互操作，使其更具吸引力和功能性。

网页可以通过浏览器（如谷歌浏览器、火狐浏览器、Edge、Safari等）来访问和显示。当用户在浏览器中输入网页的URL或点击链接时，浏览器会发送请求到目标服务器，接收并解析服务器返回的 HTML 代码，最终将网页内容呈现给用户，如图1-1-1所示。

网页的设计和开发可以根据不同的需求和目的进行，如个人网页、电商网站、新闻网站和社交媒体平台等。网页的主要目标是向用户提供信息、服务和交互体验，通过网页用户可以获取所需的资源、进行在线交流和参与各种活动。图1-1-2所示为京东电商网站首页。

2. 网页的类型

根据技术特点划分，网页可以分为静态网页和动态网页。

（1）静态网页

静态网页是标准的HTML文件，用户不论如何访问，网页都会显示固定的内容信息。若想修改静态网页信息，必须修改源代码后重新上传。因此，静态网页更新不方便，但是访问速度快。

（2）动态网页

动态网页的网页文件中包含了程序代码，会通过后台数据库与Web服务器进行交互，由后台数据库提供实时数据更新和查询服务，因此动态网页内容会随着用户和时间的不同而变化，可使用ASP、PHP、JSP等技术实现。

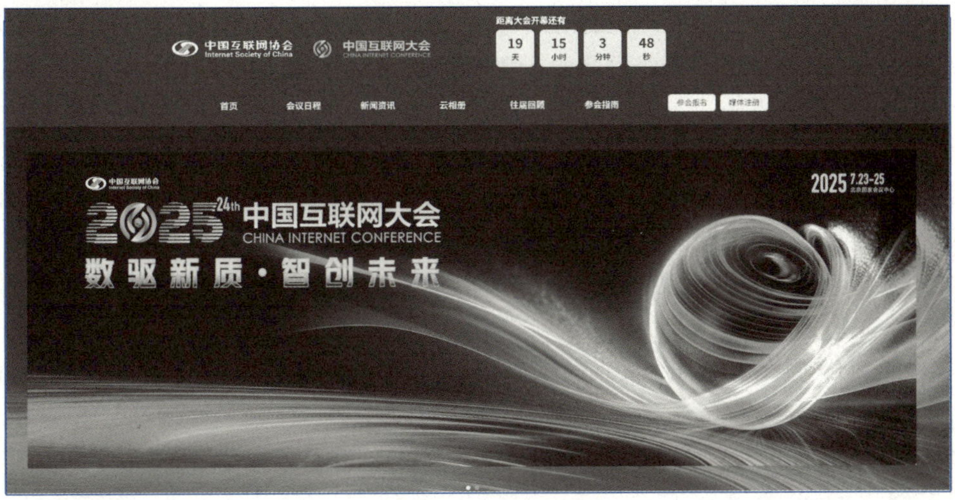

图 1-1-1　网页效果图

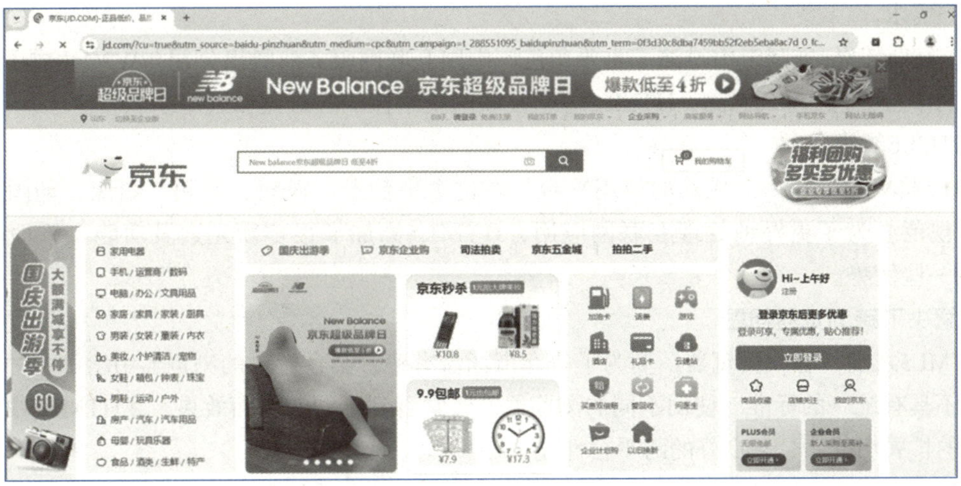

图 1-1-2　京东电商网站首页

根据网页在网址中的位置，网页又可分为主页（home page）和内页（web page）。通常情况下，主页指访问网站时看到的第一页，即网站首页，其名称一般使用index.html。内页则指与主页相链接的其他页面，即网站的内部页面。

二、HTML5概述

1. HTML5的概念

HTML5（hypertext markup language 5）是HTML的第五次重大修订，由万维网联盟（W3C）和

Web超文本应用技术工作组（WHATWG）共同开发和维护，是互联网的新一代标准，是构建以及呈现互联网内容的一种语言方式，被认为是互联网的核心技术之一，目前大部分浏览器都支持HTML5标准。

2. HTML5的发展历程

HTML的出现由来已久，1993年HTML 首次以因特网的形式发布。随着HTML的发展，W3C（World Wide Web Consortium，万维网联盟）掌握了对HTML规范的控制权，负责后续版本的制定工作。

2004年，一些浏览器厂商联合成立了WHATWG工作组，它们建立了HTML5规范，并开始专门针对Web应用开发新功能。2006年，W3C组建了新的HTML工作组，明智地采纳了WHATWG的意见，并于2008 年发布了HTML5的工作草案。

2014年10月29日，万维网联盟宣布，经过8年的艰辛努力，HTML5标准规范终于制定完成并公开发布。

2015年1月，彻底抛弃了Flash，实现向HTML5的全面过渡。随后，各个网站都开始从Flash转向HTML5。

2019年5月23日，W3C与WHATWG针对共同开发HTML与DOM 规范达成协议，W3C组织重新成立HTML工作组。

HTML5的发展是一个持续进行的过程，未来可以期待更多的功能和改进，以满足不断变化的互联网和用户需求。

中国在HTML5标准制定中扮演了重要角色。中国互联网服务商腾讯公司与W3C达成了战略合作关系，共同参与了包括Web App、HTML5等新互联网技术标准的研究和制定。

3. HTML5的优势

HTML5将Web带入一个成熟的应用平台，在这个平台上，视频、音频、图像、动画以及交互都进行了规范。为了更好地处理互联网应用，HTML5添加了很多新元素及功能。下面具体介绍HTML5的一些优势。

（1）解决了跨浏览器问题

在HTML5之前，各大浏览器厂商为了争夺市场占有率，会在各自的浏览器中增加各种各样的功能，并且不具有统一的标准。使用不同的浏览器，经常看到不同的页面效果。在HTML5中，纳入了所有合理的扩展功能，具备良好的跨平台性能。

（2）新增了多个新特性

HTML从1.0到5.0经历了巨大的变化，从单一的文本显示功能到图文并茂的多媒体显示功能，许多特性经过多年的完善，已经发展成了一种非常重要的标签语言。

HTML5新增特性如下：

① 新的特殊内容元素，如header、nav、section、article、footer等结构性标签。

② 新的表单控件，如calendar、date、time、email、url、search等表单标签。

③ 用于绘画的canvas元素。

④ 用于媒介回放的video和audio元素。

⑤ 对本地离线存储的更优支持。

⑥ 地理位置、拖动、摄像头等API（application programming interface，应用程序接口）。

（3）用户优先的原则

HTML5标准的制定是以用户优先为原则的，一旦遇到无法解决的冲突时，规范会把用户放在第一位。另外，为了增强HTML5的使用体验，还增强了以下两方面的设计。

① 安全机制的设计。为确保HTML5的安全，在设计 HTML5 时做了很多针对安全的设计。HTML5引入了一种新的基于来源的安全模型，该模型不仅易用，而且针对不同的API都通用。

② 表现和内容分离。虽然表现和内容分离在HTML4.0中就有设计，但分离并不彻底。为了避免可访问性差、代码复杂度高、文件过大等问题，HTML5规范中更细致、清晰地分离了表现和内容。HTML5对一些陈旧的表现内容的代码可以兼容使用。

（4）化繁为简的优势

作为当下流行的通用标签语言，HTML5尽可能地简化，严格遵循了“简单至上”的原则，主要体现在以下几方面：

① 简化的字符集声明。

② 新的简化的DOCTYPE文档类型。

③ 简单而强大的HTML5 API。

④ 以浏览器原生能力替代复杂的JavaScript代码。

为了实现这些简化操作，HTML5规范需要比以前更加细致、精确。为了避免造成误解，HTML5对每一个细节都有着非常明确的规范说明，不允许有任何歧义和模糊出现。

视 频

HTML5基础知识介绍

三、HTML5基础知识

1. HTML5文档的基本格式

学习任何一门语言，首先要掌握它的基本格式。HTML5文档由一系列标签组成，其中，<!DOCTYPE>、<html>、<head>和<body>标签共同组成了HTML5文档的主体结构。下面具体讲解HTML文档的基本结构标签。

① <!DOCTYPE>标签 ：该标签位于文档最前面的位置，称为“文档类型声明”，处于<html>标签之前。它告知浏览器的解析器使用哪个HTML版本来解析文档。

② <html>标签：称为“根标签”，告诉浏览器这是一个HTML文档的开始，而</html>标签则告诉浏览器HTML文档到此结束。

③ <head>标签：包含了文档的元信息，如<title>、<meta>、<link>、<style>等标签，用于描述文档的基本信息。它们不会显示在页面上，只用于定义文档的头部信息。

④ <body>标签：称为“主体标签”，<body></body>之间包含了在网页上显示的所有内容，如文本、图像、视频等。

以上标签是HTML5的基本结构标签，每个页面都需要这些标签。

2. 标签的分类

在HTML5页面中，带有“< >”符号的元素称为HTML标签，如上面提到的<html>、<head>、<body>等都是HTML标签。所谓标签就是放在“< >”标签符中表示某项功能的编码命令，也称为HTML标签或HTML元素。

为了方便学习和理解，通常将HTML标签分为“双标签”和“单标签”两大类。

（1）双标签

双标签也称“体标签”，是指由开始和结束两个标签符组成的标签，其开始和结束标签是成对出现的。基本语法格式如下：

```
<标签名> 内容 </标签名>
```

该语法中<标签名>表示该标签的作用开始，一般称为开始标签（start tag）；</标签名> 表示该标签的作用结束，一般称为结束标签（end tag）。与开始标签相比，结束标签只是在前面加了一个“/”符号。

（2）单标签

单标签也称空标签，是指用一个标签符号即可完整地描述某项功能的标签。其基本语法格式如下：

```
<标签名/>
```

该语法中“标签名”后由“/”来标识标签的结束。

（3）注释标签

标签的分类中除了单标签和双标签以外，还有一个特殊的标签类型，即注释标签。如果需要在HTML文档中添加一些便于阅读和理解但又不需要显示在页面中的注释文字，就需要使用注释标签。其基本语法格式如下：

```
<!—— 注释语句 ——>
```

需要说明的是，注释内容不会显示在浏览器窗口中，但是作为HTML文档内容的一部分，可以下载到用户的计算机上，查看源代码时就可以看到。

3. HTML5文档头部的相关标签

设计和制作网页时，经常需要设置页面的基本信息，如页面的标题、作者、与其他文档的关系等信息。为此HTML5提供了一系列标签，这些标签通常都写在<head>标签内，因此称为头部相关标签。一个HTML5文档只能含有一对<head>标签，绝大多数文档头部包含的数据都不会真正作为内容显示在页面中。下面详细介绍HTML文档头部的相关标签。

（1）<title></title> 标签

<title>标签用于定义HTML5页面的标题，即给网页取一个名字，必须位于<head>标签之内。一个 HTML 文档只能含有一对<title>标签，<title>之间的内容将显示在浏览器窗口的标题栏中。其基本语法格式如下：

```
<title>网页标题名称 </title>
```

如图1-1-3所示，线框内显示的文本即为 <title>标签中的内容，是当前运行网页的标题。

（2）<meta/>标签

<meta/>标签用于定义页面的元信息，可重复出现在<head>头部标签中，在HTML中是一个单标签。<meta/>标签本身不包含任何内容，通过“名称 / 值”的形式，成对地使用其属性来定义页面的相关参数。例如，为搜索引擎提供网页的关键字、作者姓名、内容描述，以及定义网页的刷新时间等。

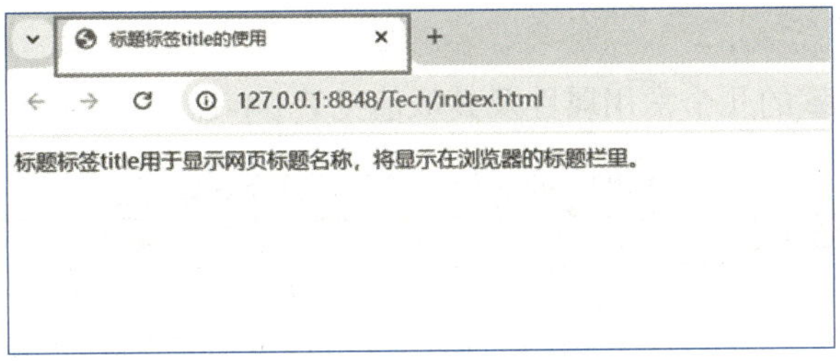

图 1-1-3　标题标签应用

下面介绍 <meta/> 标签常用的几组设置，具体如下：

① <meta name="名称" content="值" />。在 <meta> 标签中使用 name/content属性可以为搜索引擎提供信息，其中 name 属性提供搜索内容名称，content 属性提供对应的搜索内容值。具体应用如下：

- 设置网页关键字：<meta name="keywords" content="个人简历 " />。

其中，name属性的值是keywords，用于定义搜索内容名称为网页关键字，content属性的值用于定义关键字的具体内容，多个关键字内容之间用逗号分隔。

- 设置网页描述：<meta name="description" content="计算机系、提升人才培养质量、计算机科学与技术，电子信息科学与技术，网络工程，电气工程及其自动化，软件工程，统计学，数据科学与大数据技术、校企联合、工学融合、应届毕业生"/>。

其中，name属性的值为description，用于定义搜索内容名称为网页描述，content属性的值用于定义描述的具体内容。需要注意的是网页描述的文字不要过多。

- 设置网页作者：如“济南工程职业技术学院”官网的作者信息：<meta name="author"content = "济南工程职业技术学院"/>。

其中，name属性的值为author，用于定义搜索内容名称为网页作者，content属性的值用于定义具体的作者信息。

② <meta http-equiv="名称" content="值"/>。在<meta>标签中使用http-equiv/content属性可以设置服务器发送给浏览器的HTTP头部信息，为浏览器显示该页面提供相关的参数。其中，http-equiv属性提供参数类型，content属性提供对应的参数值，默认会发送<meta http-equiv="Content-Type" content="text/html"/>，通知浏览器发送的文件类型是HTML。具体应用如下：

- 设置字符集，如设置“吉林农业科技学院”官网字符集的：<meta http-equiv="Content-Type" content="text/html；charset="utf-8" >。

其中，http-equiv属性的值为Content-Type，content 属性的值为text/ html和 charset=utf-8，中间用“；”隔开，用于说明当前文档类型为HTML，字符集为utf-8（国际化编码）。

- 设置页面自动刷新与跳转，如定义某个页面10 s后跳转至“吉林农业科技学院”官网：<meta http-equiv="refresh" content="10；url=https://www.jlnku.edu.cn/"/>。

其中，http-equiv属性的值为refresh，content属性的值为数字和URL地址，中间用“；”分隔，用于指定在特定的时间后跳转至目标页面，该时间默认以秒为单位。

（3）引用外部文件标签<link>

一个页面往往需要多个外部文件的配合，在<head>中使用<link>标签可引用外部文件，一个页面允许使用多个<1ink>标签引用多个外部文件。其基本语法格式如下：

```
<link 属性="属性值"/>
```

该语法中，<link> 标签的几个常用属性及其取值见表1-1-1。

表 1-1-1　link 标签常用属性及其取值

属　性　名	常用属性值	描　　述
href	URL	指定引用外部文档的地址
rel	stylesheet	指定当前文档与引用外部文档的关系。该属性值通常为stylesheet，表示定义一个外部样式表
type	text/css	引用外部文档的类型为CSS样式表
	text/javascript	引用外部文档的类型为JavaScript脚本

例如，使用标签引用外部CSS：

```
<link rel="stylesheet" type="text/css" href="style.css"/>
```

上面的代码表示引用当前HTML页面所在文件夹中文件名为style.css的CSS文件。

（4）内嵌样式标签<style>

<style>标签用于为HTML文档定义样式信息，位于<head>头部标签中。其基本语法格式如下：

```
<style 属性="属性值">
```

在HTML中使用style标签时，经常定义其属性为type，相应的属性值为text/css，表示使用内嵌式的CSS样式。

4. HTML5新增语法

（1）标签不区分大小写

HTML5采用宽松的语法格式，标签可以不区分大小写，这是HTML5语法变化的重要体现。例如，<p>这里的p标签大小写不一致</P>，在代码中，虽然p标签的开始标签与结束标签大小写并不匹配，但是在 HTML5 语法中是完全合法的。

（2）允许属性值不使用引号

在HTML5语法中，属性值不放在引号中也是正确的。例如：

```
<input readonly=readonly type=text/>
```

以上代码都是完全符合HTML5规范的，等价于：

```
<input readonly="readonly" type="text"/>
```

（3）允许省略部分属性的属性值

在HTML5中，部分标志性属性的属性值可以省略。例如：

```
<input checked="checked" type="checkbox"/>
<input readonly="readonly" type="text"/>
```

可以省略为：

```
<input checked type="checkbox"/>
<input readonly type="text"/>
```

从上述代码可以看出，checked="checked"可以省略为checked，而readonly="readonly"可以省略为

readonly。

在HTML5中，可以省略属性值的属性见表1-1-2。

表 1-1-2　可省略属性值的属性

属　性	描　述
checked	省略属性值后，等价于checked="checked"
readonly	省略属性值后，等价于readonly="readonly"
defer	省略属性值后，等价于defer="defer"
ismap	省略属性值后，等价于ismap="ismap"
nohref	省略属性值后，等价于nohref="nohref"
noshade	省略属性值后，等价于noshade="noshade"
nowrap	省略属性值后，等价于nowrap="nowrap"
selected	省略属性值后，等价于selected="selected"
disabled	省略属性值后，等价于disabled="disabled"
multiple	省略属性值后，等价于multiple="multiple"
noresize	省略属性值后，等价于noresize="noresize"

任务实施

视频

任务实施

一、页面效果

使用HbuilderX制作“课程介绍”网页，网页效果如图1-1-4所示。

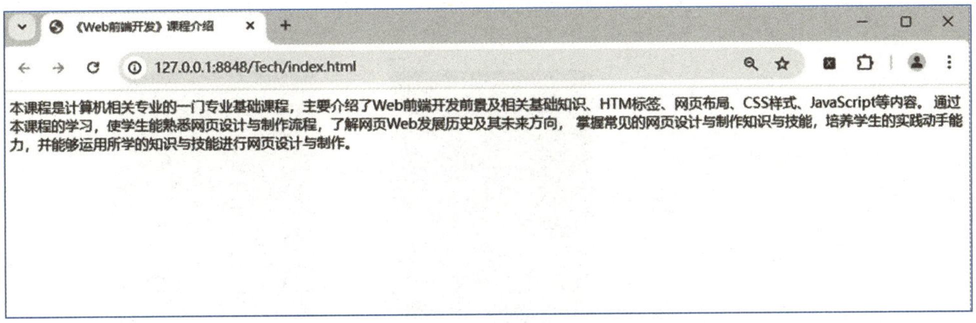

图 1-1-4　课程介绍网页效果图

二、任务要求

按照效果图1-1-4完成课程介绍网页的制作，要求如下：

① 搭建开发环境HBuilderX，掌握开发工具的使用方法。

② 新建new_file.html，完成网页内容的填充；修改网页标题为“《Web前端开发》课程介绍”。

③ 运行项目，展示网页效果。

三、实施步骤

1. 环境搭建

在HBuilderX官网下载最新版的HBuilderX。HBuilderX目前有两个版本，一个是Windows版，一个是Mac版。下载时根据计算机选择适合的版本，如图1-1-5所示。

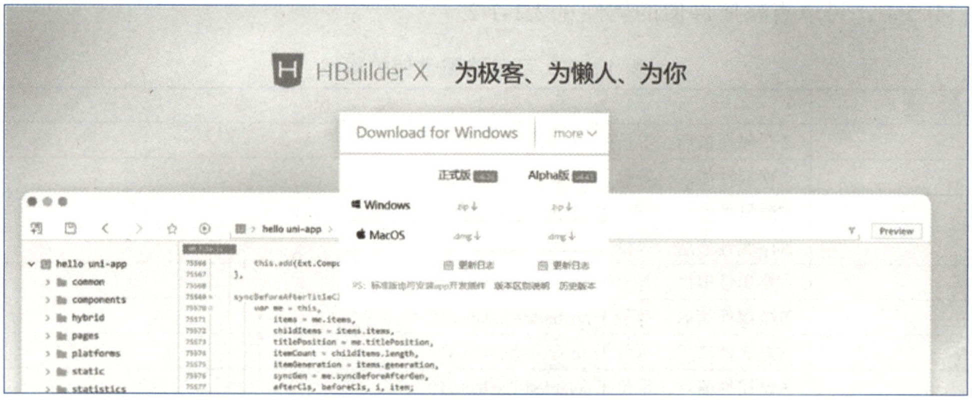

图 1-1-5　HBuilderX 下载版本选择

HBuilderX是绿色免安装软件，所以将下载后的文件进行解压后，打开文件夹就可以看到HBuilderX图标。若需要创建桌面快捷方式，可按照以下步骤操作：

右击HBuilderX.exe执行文件，选择“发送到”→“桌面快捷方式”命令，回到计算机桌面，即可看到HBuilderX绿色启动图标。

本书采用HBuilderX3.8.7版本，双击桌面上的HBuilderX图标直接启动该软件，进入初始化界面，此时可设置软件的工作区主题，如图1-1-6所示。

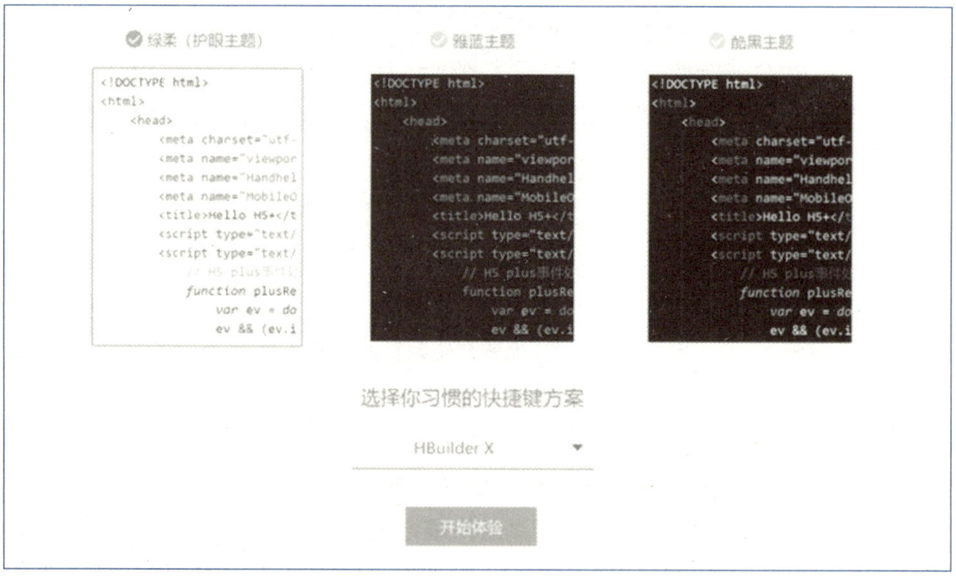

图 1-1-6　HBuilderX 初次启动页面

2. 网页制作

双击桌面上的HBuilderX图标打开该软件，选择“文件”→“新建”→“项目”命令，创建一个项目，如图1-1-7所示。

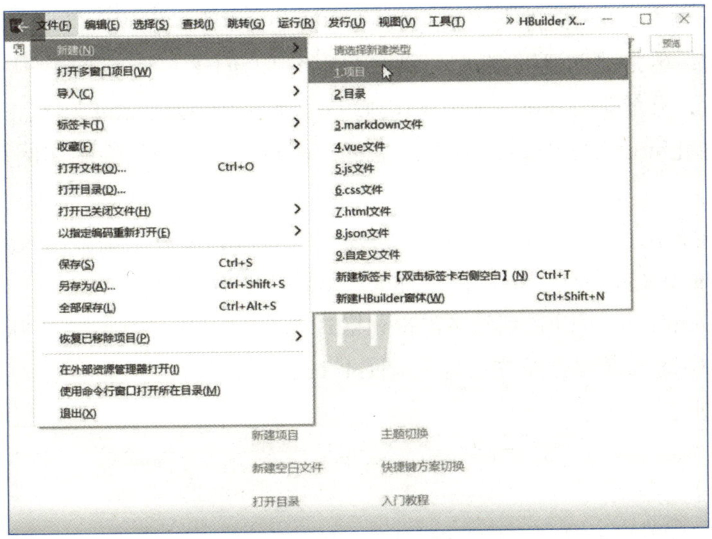

图 1-1-7 新建项目

在弹出的对话框中开始设置项目信息，如图1-1-8所示。

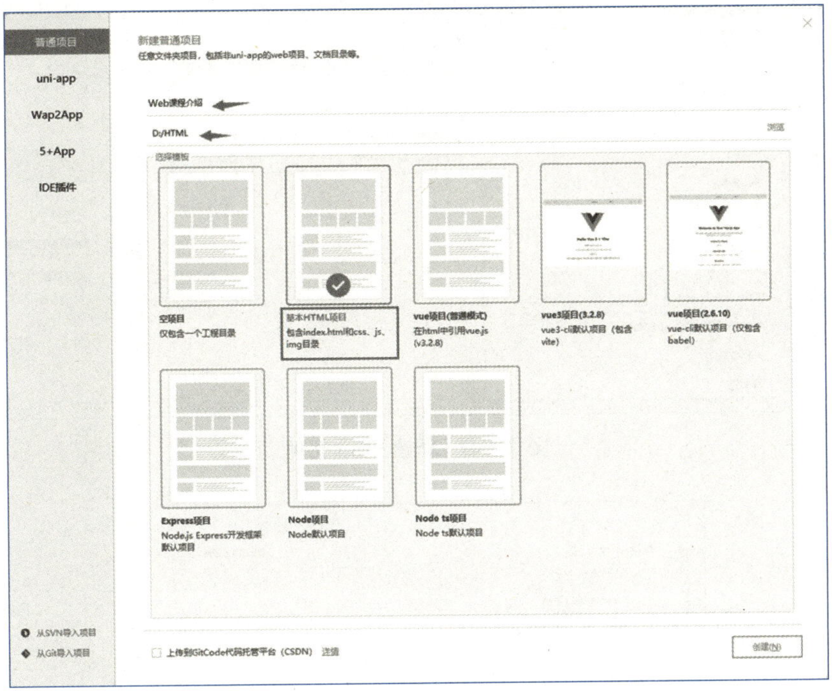

图 1-1-8 新建项目对话框

① 第一行为项目名称，将其命名为“Web课程介绍”。

② 第二行为项目所在位置，自定义即可。

③ 第三行选择项目模板，这里选择“基本HTML项目”。它包含了CSS样式文件夹、js文件夹、img文件夹、index.html。其中，CSS文件夹通常用来存放网页用到的CSS样式表，js文件夹存放网页

互动用到的JavaScript文件，img文件夹用来存放网页中的图片等多媒体文件。

全部设置完成后，单击“创建”按钮，即可完成项目的创建。

项目新建完成后，开始创建html文件。项目默认存在一个index.html文件，一般用于制作网站首页。用户可以直接在此html文件中制作网页，也可以新建一个html文件制作网页。下面演示如何新建html文件。

右击“Web课程介绍”项目名称，选择“新建”→“html文件”命令（见图1-1-9），在弹出的图1-1-10中可以定义html文件名称、位置，选择default默认模板即可。

创建好new_file.html后，可以看到基本的html格式，即<html>、<head>、<body>等标签。下面在<body></body>标签中输入课程介绍文字（见图1-1-11），在“运行”菜单中，选择任一浏览器看一下效果，如图1-1-12所示。

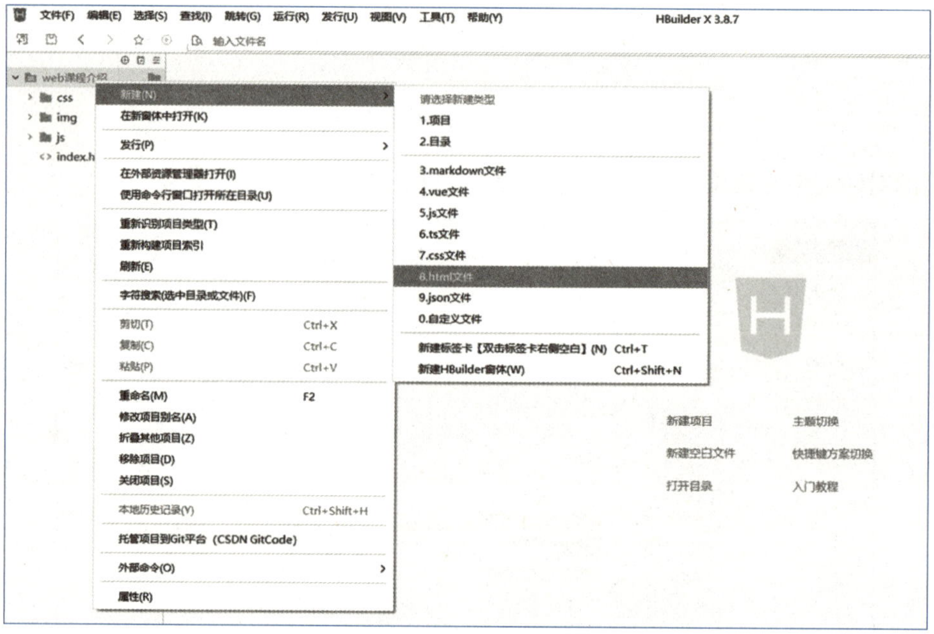

图 1-1-9　新建 html 文件

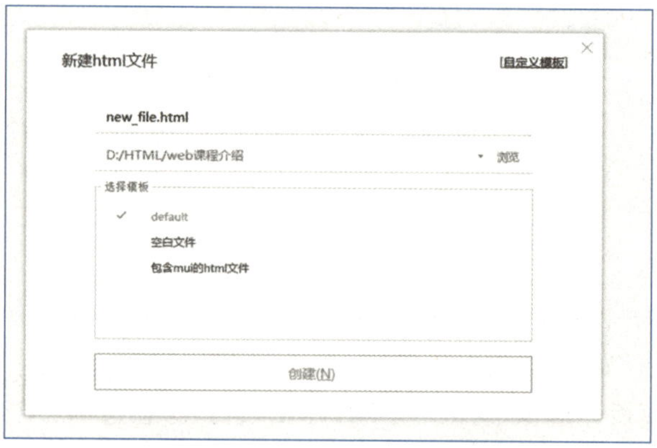

图 1-1-10　设置 html 文件信息

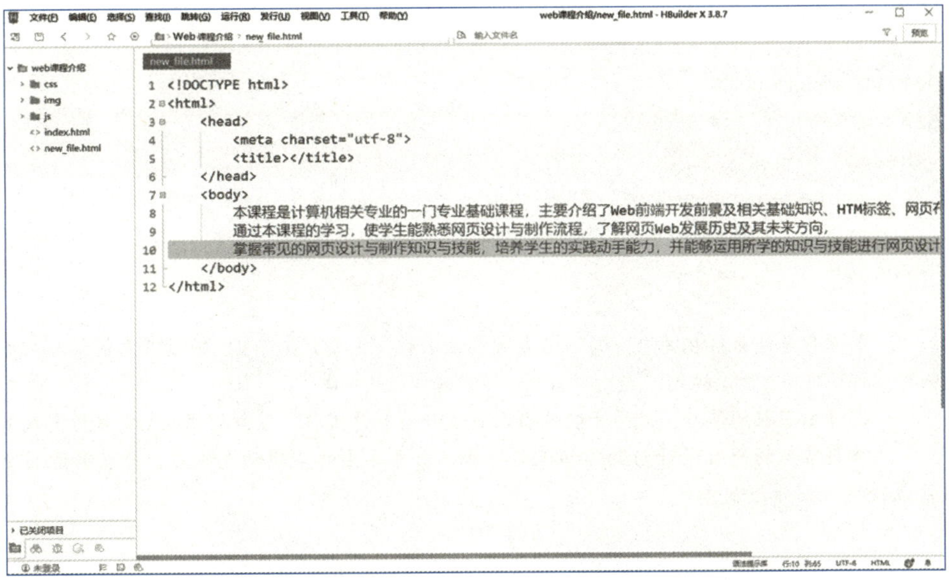

图 1-1-11　new_file.html 文件

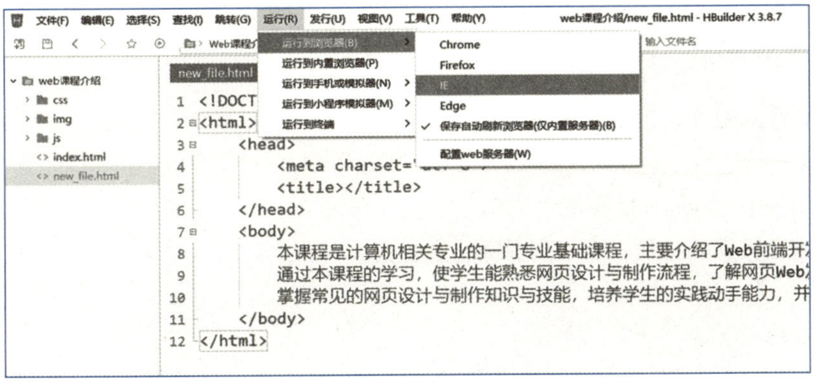

图 1-1-12　选择浏览器运行

此时可以在浏览器中看到该网页效果，就是写在<body>标签中所包含的文字，如图1-1-13所示。

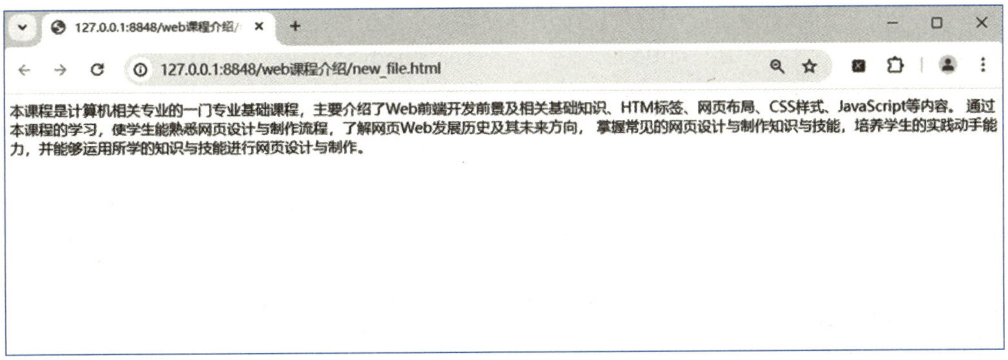

图 1-1-13　浏览器浏览效果

四、代码实现

```
<!DOCTYPE html>
<html>
    <head>
        <meta charset="utf-8">
        <title></title>
    </head>
    <body>
        本课程是计算机相关专业的一门专业基础课程，主要介绍了Web前端开发前景及相关基础知识、HTM标签、网页布局、CSS样式、JavaScript等内容。
        通过本课程的学习，使学生能熟悉网页设计与制作流程，了解网页Web发展历史及其未来方向，
        掌握常见的网页设计与制作知识与技能，培养学生的实践动手能力，并能够运用所学的知识与技能进行网页设计与制作。
    </body>
</html>
```

课后练习

一、填空题

1. 根据技术特点划分，网页可以分为________和________。
2. HTML 是一种________语言。
3. 在 HTML 中，<meta> 标签用于提供________信息。
4. 如果要设置网页的标题，则可以使用________标签。

二、选择题

1. HTML 指的是（　　）。
   A. 超文本标记语言　B. 超文本传输协议　C. 统一资源定位器　D. 高级编程语言
2. HTML 文档的扩展名是（　　）。
   A. .html　B. .exe　C. .txt　D. .doc
3. 以下（　　）标签用于定义 HTML 文档的标题。
   A. <head>　B. <title>　C. <body>　D. <html>
4. 如果要引用外部文件，则可以使用标签（　　）。
   A. <link>　B. <title>　C. <div>　D. <meta/>
5. HTML 中的注释格式是（　　）。
   A. // 注释内容　B. /* 注释内容 */　C. <!-- 注释内容 -->　D. # 注释内容

三、简答题

1. 简述 HTML 的基本结构。
2. 简述网页的类型。

任务二　制作个人简历

任务目标

素质目标：

- 培养学生对Web开发的兴趣，激发学习编程的热情。
- 培养学生良好的编程习惯，注重代码规范和结构清晰。
- 培养学生的团队协作意识，学会与他人共同解决问题。

知识目标：

- 掌握HTML的基本标签及其使用方法，如文本、链接、图片、列表、表格等。
- 了解HTML文档结构，理解头部、体部等标签的作用。

能力目标：

- 能够使用HTML各类标签实现网页效果。
- 制作个人简历页面。

视频

文本控制标签

知识准备

一、文本控制标签

文本控制标签见表1-2-1。

表 1-2-1　文本控制标签

标　签	描　述
h*n*	标题标签，HTML 中一共有六级标题，标题按字号大小从大到小为h1、h2、h3、h4、h5、h6
<p>	用于定义 HTML 中的段落
 	用于插入一个简单换行符，用来输入空行
<details> 和 <summary>	<details> 用于描述文档和文档某个部分的细节；<summary>用于定义这个描述文档的标题，这两个标签通常一起使用
<mark>	主要用来向用户呈现需要突显或高亮显示的文字
<time>	用于定义日期或时间
<meter>	用于定义度量衡
<progress>	用于定义任何类型任务的运行进度

1. 标题标签

标题在页面文字中起到格式化文本的作用，可以使得文本信息结构更清晰，一目了然。HTML提供了6个等级的标题，即<h1>、<h2>、<h3>、<h4>、<h5>和<h6>，从<h1>到<h6>重要性递减。标题标签为双标签，其基本语法格式如下：

```
<hn align="对齐方式">标题文本</hn>
```

该语法中*n*的取值为1～6，align属性为可选属性，用于指定标题的对齐方式。默认情况下，标题文字是加粗左对齐的，并且从<h1>到<h6>字号递减。如果想让标题文字右对齐或居中，就需要使用

align属性设置对齐方式，其取值如下：

① left：设置标题文字左对齐（默认值）。

② center：设置标题文字居中。

③ right：设置标题文字右对齐。

例 1-2-1 标题标签的应用。

```
<!DOCTYPE html>
<html>
    <head>
        <title>各级标题</title>
    </head>
    <body>
        <h1>这是第一级标题</h1>
        <h2>这是第二级标题</h2>
        <h3>这是第三级标题</h3>
        <h4>这是第四级标题</h4>
        <h5>这是第五级标题</h5>
        <h6>这是第六级标题</h6>
    </body>
</html>
```

程序运行结果如图1-2-1所示。

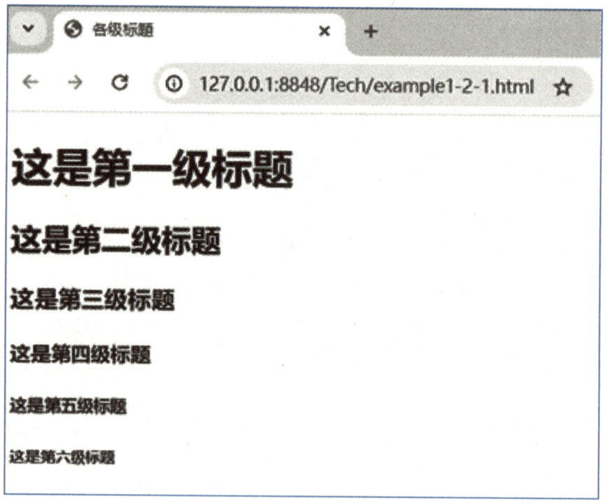

图 1-2-1 各级标题效果

2. 段落标签

如同写文章一样，网页需要有标题标签，也需要有段落标签。段落标签用<p>表示。<p>也是双标签，用于定义内容从新的一行开始，并与上段之间有一个空行。开始标签<p>和结束标签</p>之间写入段落内容。默认情况下，文本在段落中会根据浏览器窗口的大小自动换行。<p>是HTML文档中最常见的标签，基本语法格式如下：

```
<!--align属性的使用方法和标题标签一样-->
```

```
<p align="对齐方式">段落文本</p>
```

通过使用<p>标签，每个段落都会独占一行，并且段落之间拉开了一定的距离。

3. 换行标签

标签一般用于段落中，将该标签后的文字换在新行显示，语法格式如下：

```
<br/>
```

它不产生一个空行，但连续多个
标签可以产生多个空行的效果。

标签是单标签，所以规范的换行标签在使用时记为
。

温馨提示：
标签只是简单地开始新的一行，当浏览器遇到<p>标签时，通常会在相邻的段落之间插入一些垂直的间距。

4. 水平线标签<hr />

在网页中经常可以看到一些水平线将段落与段落之间隔开，使得文档结构清晰、层次分明。这些水平线可以通过插入图片实现，也可以通过HTML标签来实现。<hr />就是创建水平线的标签，其基本语法如下：

```
<hr 属性="属性值"/>
```

<hr>标签的常用属性见表1-2-2。

表 1-2-2　<hr> 标签的常用属性

属性名	含义	属性值
align	设置水平线的对齐方式	可选择left、center、right三种值，默认为center居中对齐
size	设置水平线的粗细	以像素为单位，默认为2像素
color	设置水平线的颜色	可以通过颜色名、十六进制#RGB、rgb值(r,g,b)设置
width	设置水平线的宽度	可以是默认的像素值，也可以是浏览器窗口的百分比，默认为100%

例1-2-2　<hr/>标签的应用。

```
<!DOCTYPE HTML>
<html>
    <head>
        <title>水平标签</title>
    </head>
    <body>
        <h1>前言</h1>
        <hr color="red" size="5"/>
        <p> HTML5 的时代已经到来，各大浏览器早已做好准备，能很好地支持HTML5规范。<br>
    当前互联网技术飞速发展，但几乎每一个互联网产品，都无法回避前端开发这一环节</p></body>
</html>
```

程序运行结果如图1-2-2所示。

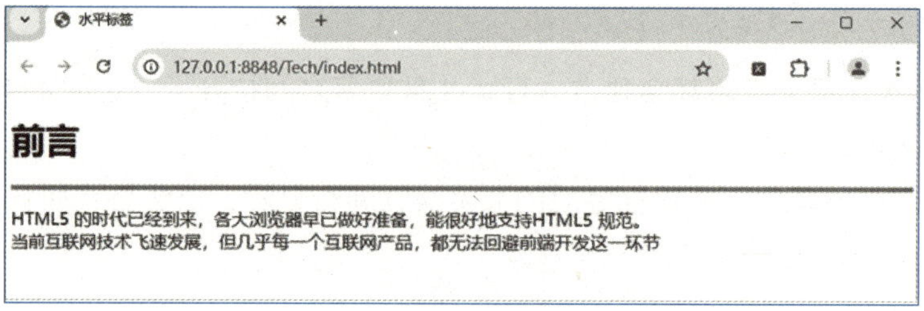

图 1-2-2　文本控制标签页面效果

5. 文本修饰标签

文本修饰标签用于设置文字的风格，将目标文字置于标签内，即可实现该标签的效果，如<b>你好</b>，“你好”两个字就实现了加粗效果。常用的文本修饰标签见表1-2-3。

表 1-2-3　文本修饰标签

标　签	描　述	标　签	描　述
<b></b> 和 <strong></strong>	加粗文本，起强调作用	<sup></ sup>	上标字
<s></s> 和 <del></del>	删除线样式	<sub></ sub>	下标字
<u></u> 和 <ins></ins>	下画线	<i></i> 和 <em></em>	斜体字
<mark></mark>	设置高亮文本		

HMTL文本控制标签使用规范声明：

① 应该使用<h1> ～ <h6>表示标题。

② 使用<em>标签设置倾斜文本。

③ 使用<strong>标签表示重要文本。

④ 使用<mark>标签表示标注的或突出显示的文本。

⑤ 根据HTML5规范，在没有其他标签更合适时，才应该把<b>标签作为最后的选项。

6. 特殊字符标签

浏览网页时经常会看到一些包含特殊字符的文本，如数学公式、版权信息等。如何在网页上准确显示这些特殊字符？HTML为网页中的特殊字符提供了专门的替换代码，见表1-2-4。

表 1-2-4　常用特殊字符标签

特 殊 字 符	描　述	字符的代码
	空格符	
<	小于号	<
>	大于号	>
&	和号	&
¥	人民币	¥
©	版权	©
®	注册商标	®
°	度数符号	°
±	正负号	±
×	乘号	×
÷	除号	÷
2	平方2（上标2)	²
3	立方3（上标3）	³

二、图像应用

视　频

图像标签

1. 常用图像格式

（1）JPEG格式：最常见与普及的选择

JPEG全称联合图像专家组（joint photographic experts group），是目前互联网上最常见和广泛使用的图片格式之一，它以其高效的压缩算法和较好的图像质量赢得了广大用户的青睐。JPEG格式支持多种色彩模式，包括灰度、RGB和CMYK等，广泛应用于网页、社交媒体、摄影等领域。然而，由于JPEG是一种有损压缩格式，在反复编辑和保存过程中，图像质量会逐渐降低。

（2）PNG格式：透明与无损压缩的代表

PNG（portable network graphics）是一种无损压缩的图像格式，具有支持透明背景、无失真压缩等特点。这种格式的图片在保持较高图像质量的同时，文件大小相对较小，因此非常适合用于需要高清晰度和透明度的场合，如网页图标、Logo设计等。此外，它还支持多种色彩模式，包括灰度、RGB、索引色等，能够满足不同场景下的需求。

（3）GIF格式：动画与网页宠儿

GIF（graphics interchange format）是一种支持动画和透明度的图像格式，最初由CompuServe公司开发用于网络传输。GIF格式的图片具有较小的文件体积和较快的加载速度，因此非常适合用于网页设计和动画制作。此外，它还支持256种颜色的索引色模式，能够在保证图像质量的同时进一步减小文件大小。

（4）TIFF格式：专业级的选择

TIFF（tagged image file format）是一种高质量、多功能的图像格式，广泛应用于印刷、出版等领域。TIFF格式支持多种色彩模式、压缩方式和分辨率设置，能够确保图像在输出过程中的质量和稳定性。此外，它还支持多层和透明度设置，为专业级图像处理提供了更多的可能性。

2. 图像标签

网页中插入图片文件，需要用到图像标签将图片内容引入到页面中。其语法格式如下：

```
<img src="图像URL"  其他属性="属性值"/>
```

其中，scr指定图像文件所在的位置及图像文件全名。图像标签的常用属性见表1-2-5。

表 1-2-5　图像标签的常用属性

属　性	属 性 值	说　明
src	URL	图像文件路径，可以是网络地址、相对路径、绝对路径
alt	文本	图像不正常显示时，显示该属性中的文字
title	文本	鼠标悬停时显示的文字
height/width	像素值	设置图像的高度或宽度
border	像素值	设置图像的边框
vspace/hspace	像素值	设置图像上下或左右空白区域的宽度
align	left	设置图像向左对齐
	right	设置图像向右对齐
	middle	将图像顶端与文本第一行对齐
	top	将图像水平中线与第一行文本对齐
	bottom	将图像的底部与第一行文本对齐

下面举例说明图像标签及其属性的各种用法。

（1）图像的alt属性和title属性

有时由于网络延迟等原因，网页中的图像无法正常显示，因此可以为图像添加替换文本属性alt，在图像无法显示时告诉用户该图像的信息，而title属性实现的功能则是鼠标悬停在图像上时显示文字，要注意区分这两个属性。下面演示这两个属性的用法。

例1-2-3 设置图像的alt属性及title属性。

```
<!DOCTYPE html>
<html>
    <head>
    <meta charset="utf-8">
    <title>图像的alt及title属性</title>
    </head>
    <body>
        <!--正常图片，设置title属性-->
        <img src="img/鸭鸭.jpg" alt="这是一张图片" title="这是一只小黄鸭" />
        <!--非正常显示的图片，设置alt属性-->
        <img src="img/鸭鸭" alt="可爱.鸭鸭.小黄鸭" />
    </body>
</html>
```

程序运行结果如图1-2-3所示。可以看出，当鼠标在图片悬停时会出现title属性内容。当图片不能正常显示时，浏览器会出现alt属性中的文字信息。

图 1-2-3 图像的 alt 属性及 title 属性应用效果

（2）图像的宽度、高度及边框属性（width、height、border）

通常情况下，如果不给图片设置宽高属性，图片就会按照它的原始尺寸进行显示，如果要改变图片大小，则可以通过width和height属性调整图片的宽度和高度，以满足网页显示要求。默认情况下，图片是没有边框的，可以通过border属性为图片添加边框，进行修饰。下面就演示这3个属性的用法。

例1-2-4　设置图片相关属性。

```
<!DOCTYPE html>
<html>
    <head>
        <meta charset="utf-8">
        <title>图像的宽度和高度</title>
    </head>
    <body>
        <!--这里只设置了图片的宽度-->
        <img src="img/鸭鸭.jpg"  width="200px">
        <!--这里设置了图片的宽度和高度-->
        <img src="img/鸭鸭.jpg"  width="100px" height="200px">
        <!--这里设置了图片的边框线的属性，边框宽度为10px-->
        <img src="img/鸭鸭.jpg" width="88px" border="10px">
    </body>
</html>
```

程序运行结果如图1-2-4所示。其中第一张图片只设置了宽度属性，高度会自动调整，以保持图片的原始比例关系不变；第二张图片同时设置了宽高属性，并且宽高值的比例与原图宽高比不一致，则显示的图片就会变形失真；第三张图片调整了宽度属性，并添加了边框效果。

图 1-2-4　图片的宽度、高度及边框属性应用效果

（3）图像的边距属性（vspace、hspace）

在网页中，由于排版的需求，通常会需要调整图片的边距。HTML中使用vspace可设置图片的垂直边距，使用hspace属性可以设置图片的水平边距。下面演示图片边距属性vspace、hspace的使用方法。

例1-2-5　设置图片边距属性。

```
<!DOCTYPE html>
<html>
```

```
<head>
    <meta charset="utf-8">
    <title>图像标签的边距属性</title>
</head>
<body>
    <!--这里给第一张图片设置了垂直边距-->
    <img src="http://www.××××888.cn/picture.jpeg" alt="这是一张图片"
width="120px" vspace="50px" />
    <!--这里给第二张图片设置了水平边距-->
    <img src="http://www.××××888.cn/picture.jpeg" alt="这是一张图片"
width="50px" hspace="150px" />
</body>
</html>
```

程序运行结果如图1-2-5所示。对比图1-2-4可以看出，由于设置了图片的边距，因此图片位置发生了改变。

图 1-2-5　图像的边距属性应用效果

（4）图像的对齐属性（align）

网页中最常见的排版就是图文混排，默认情况下图片的底部会与文本的第一行文字对齐，如图1-2-6所示。

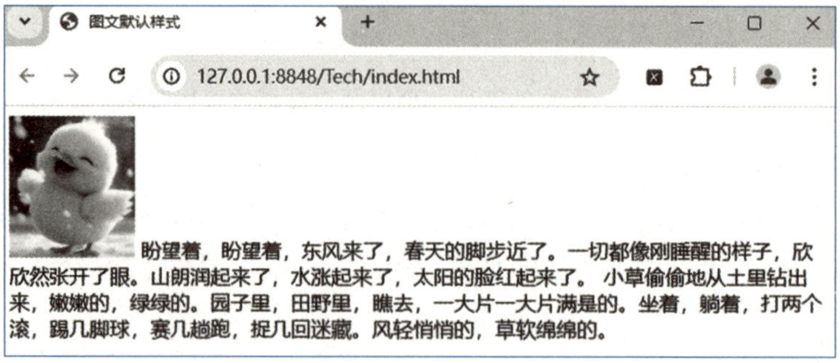

图 1-2-6　图文默认样式

但是在制作网页时，经典的图文混排效果经常是左图右文或右图左文，这就需要使用图片的

align属性。下面展示网页中常见的左图右文效果。

例1-2-6　图文混排应用。

```
1  <!DOCTYPE html>
2  <html>
3      <head>
4          <meta charset="utf-8">
5          <title>图文混排</title>
6      </head>
7      <body>
8          <img src="img/web前端图.jpg" alt="这是一张图片" width="300px" hspace=
   "20px" align="left">
9              <p>
10                 <h2>Web前端工程师</h2>
11                 <p><mark>岗位介绍：</mark>Web前端开发工程师，是从事Web前端开发工作
12                 的工程师。主要进行网站的开发、优化、完善的工作。Web前端开发技术包括三个
13                 要素：HTML、CSS、JavaScript，随着RIA的流行和普及，XML、Flash/Flex、
14                 Silverlight和服务器端语言也是前端开发工程师应该掌握的。</p>
15                 <hr color="lightblue"/>
16                 <p>发表时间：2024年7月12日（已有<strong>300</strong>人点赞）</p>
17             </p>
18     </body>
19 </html>
```

上述代码中对图片添加了align属性，并取值left，因此图片显示在网页左端，文字显示在图片右面，形成左图右文的效果。同时对图片设置了hspace属性，增加了水平边距，使得图片和文字之间有一定的空间。第11行，使用mark属性对文字进行了高亮显示。整体效果如图1-2-7所示。

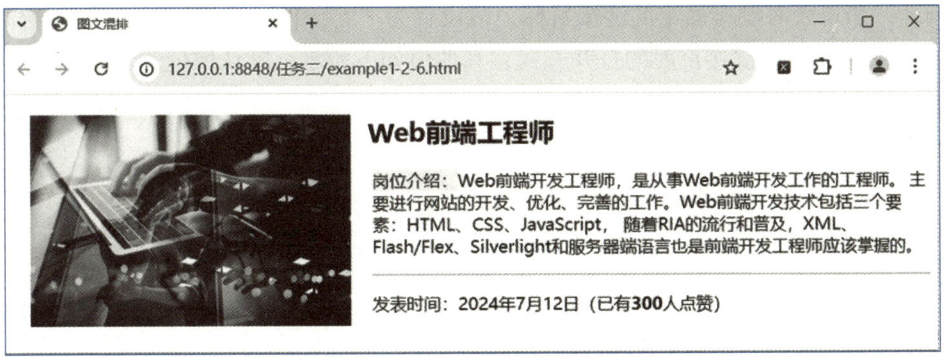

图 1-2-7　图文默认和混排效果

温馨提示： 实际制作中并不建议图像标签<img>直接使用如border、vspace、hspace和align属性，推荐使用CSS样式代替。在本项目任务三中会详细讲解各类CSS样式属性。

（5）相对路径和绝对路径

网页中的路径通常可以分为相对路径和绝对路径两种：

① 绝对路径：指文件或者目录在硬盘（磁盘）上的真正路径。例如，图像banner.png存放在D盘的image文件夹中，那么该图像的绝对路径就表示为D:\image\banner.png。

② 相对路径：目标文件或目录相对于当前文件的路径，相对路径中没有具体盘符。一般情况下，网页中的图像、文件、超链接等均使用相对路径来表示。常见的相对路径表示方法见表1-2-6。

表 1-2-6　常见的相对路径表示方法

文档位置	图像位置	相对路径	说　明
D:\web	D:\web	<img src="banner.png">	文档和图片在同一目录下
D:\web	D:\web\image	<img src="image/banner.png">	图像在网页文档的子目录中
D:\web	D:\	<img src="../banner.png">	图像在网页文档的父目录中
D:\web	D:\image	<img src="../image/banner.png">	图像在网页文档同级其他目录中

在表1-2-6中，“../”表示回到父级目录中；“image/”表示进入下一层目录image中；而“../image”则表示回到父级目录后，再进入image目录中。以上使用方法均属于“相对路径”范畴。

视频

超链接标签

三、超链接应用

1. 超链接

在网页的组成中，超链接被广泛使用，用户单击某句话或者某张图片就可以从当前页面跳转到另一个网页。超链接可以是一个字、一个词、一句话、一张图片，鼠标移入某个链接上时，光标会变成小手的形状。创建超链接的语法格式如下：

```
<a href="目标文件"  target="目标窗口弹出方式">文本或图像</a>
```

其中，href属性是必填属性，用于设置链接的目标地址，其取值可以是文件的相对路径，也可以是网页的网址，如果暂时没有确定的链接目标，可设置为“#”，即href="#"表示该链接暂时为一个空链接；target属性用于设置链接页面的打开方式，其取值如下所示，默认取值为_self。

① _self：在原窗口打开链接文件。

② _blank：在新窗口中打开链接文件。

例1-2-7　文字跳转功能演示。

```
<!DOCTYPE html>
<HTML lang="en">
    <head>
        <meta charset= "utf-8">
        <title>链接标签</title>
    </head>
    <body>
        <!--a标签href:必填，表示要跳转到哪个页面-->
        <a href="https://www.baidu.com/"target="_blank">跳转百度</a>
    </body>
</html>
```

上述代码中，设置了target属性取值为_blank，点击文字之后，浏览器在新窗口中打开百度首页，如图1-2-8所示。

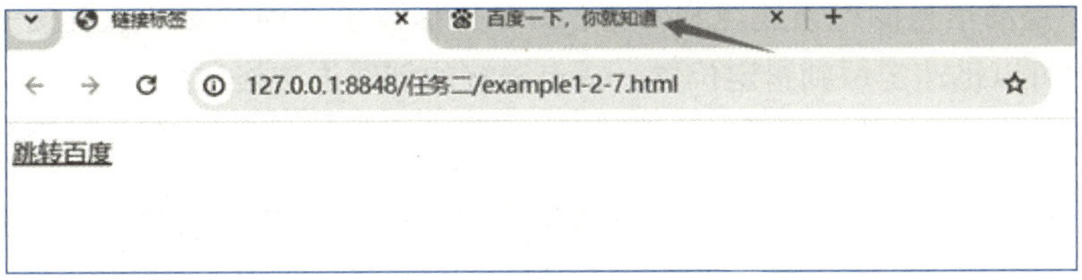

图 1-2-8　文字链接效果图

例 1-2-8　实现图片超链接。

```
<!DOCTYPE html>
<html lang="en">
    <head>
        <meta charset="utf-8">
        <title>链接标签</title>
    </head>
    <body>
        <p>点击图片前往百度</p>
        <br>
        <!--a标签href:必填，表示要跳转到哪个页面-->
        <a href="https://www.baidu.com/"target="_self">
            <img src="img/鸭鸭.jpg" alt="这是一只小黄鸭" title="小黄鸭" width="300px">
        </a>
    </body>
</html>
```

上述代码中，设置了target取值为_self，则点击图片后，网页会在本窗口打开百度首页，如图1-2-9（a）所示。单击浏览器的回退按钮，即可回到原来的网页，如图1-2-9（b）所示。

（a）　（b）

图 1-2-9　图片超链接效果图

2. 锚点链接

有时网页中的内容比较多，页面过长，需要不断滚动鼠标来查看所有内容，这样用户操作就会非常不方便。为了提高信息的检索速度和效率，HTML提供了一种特殊的超链接——锚点链接，通过锚点链接，用户可以迅速定位到指定位置。锚点链接的创建语法格式如下：

```
<a href="#id">文字或图片</a>
```

其中，href="#id"中的id指的是跳转目标元素的命名（id名），当单击锚点后，文字内容迅速定位到id所对应位置的内容。下面演示锚点链接的使用方法。

例1-2-9 锚点链接的应用。

```
<!DOCTYPE html>
<html>
    <head>
        <meta charset="utf-8">
        <title>锚点链接示例</title>
    </head>
    <body>
        <h2 id="list">诗歌目录</h2>
            <a href="#No1">致橡树</a>
            <a href="#No2">再别康桥</a>
            <h2 id="No1">致橡树</h2>
            <p>
                我如果爱你——<br/>
                绝不像攀援的凌霄花，<br/>
                借你的高枝炫耀自己；<br/>
                我如果爱你——<br/>
                绝不学痴情的鸟儿，<br/>
                为绿荫重复单调的歌曲；<br/>
                也不止像泉源，<br/>
                常年送来清凉的慰藉；<br/>
                也不止像险峰，<br/>
                增加你的高度，衬托你的威仪。<br/>
                甚至日光，<br/>
                甚至春雨。<br/>
                不，这些都还不够！<br/>
                我必须是你近旁的一株木棉，<br/>
                作为树的形象和你站在一起。<br/>
                根，紧握在地下；<br/>
                叶，相触在云里。<br/>
                每一阵风过，<br/>
                我们都互相致意，<br/>
                但没有人，<br/>
```

```
                    听懂我们的言语。<br/>
                    你有你的铜枝铁干，<br/>
                    像刀，像剑，也像戟；<br/>
                    我有我红硕的花朵，<br/>
                    像沉重的叹息，<br/>
                    又像英勇的火炬。<br/>
                    我们分担寒潮、风雷、霹雳；<br/>
                    我们共享雾霭、流岚、虹霓。<br/>
                    仿佛永远分离，<br/>
                    却又终身相依。<br/>
                    这才是伟大的爱情，<br/>
                    坚贞就在这里：<br/>
                    爱——<br/>
                    不仅爱你伟岸的身躯，<br/>
                    也爱你坚持的位置，<br/>
                    足下的土地。<a href="#list">回目录</a><br/>
                </p>
                <h2 id="No2">再别康桥</h2>
                <p>
                    轻轻的我走了，<br/> 正如我轻轻的来；<br/> 我轻轻的招手，<br/> 作别西天的云彩。<br/>
                    那河畔的金柳，<br/> 是夕阳中的新娘；<br/> 波光里的艳影，<br/> 在我的心头荡漾。<br/>
                    软泥上的青荇，<br/> 油油的在水底招摇；<br/> 在康河的柔波里，<br/> 我甘心做一条水草！<br />
                    那榆荫下的一潭，<br/> 不是清泉，是天上虹；<br/> 揉碎在浮藻间，<br/> 沉淀着彩虹似的梦。<br/>
                    寻梦？撑一支长篙，<br/> 向青草更青处漫溯；<br/> 满载一船星辉，<br/> 在星辉斑斓里放歌。<br/>
                    但我不能放歌，<br/> 悄悄是别离的笙箫；<br/> 夏虫也为我沉默，<br/> 沉默是今晚的康桥！<br/>
                    悄悄的我走了，<br/> 正如我悄悄的来；<br/> 我挥一挥衣袖，<br/> 不带走一片云彩。<a href="#list">回目录</a><br/>
                    </p>
        </body>
</html>
```

程序运行结果如图1-2-10所示。单击目录中的“致橡树”，页面会定位到“致橡树”标题处，单击目录中的“再别康桥”，页面会迅速定位到“再别康桥”标题处。单击“回目录”，页面直接返回“诗歌目录”处。

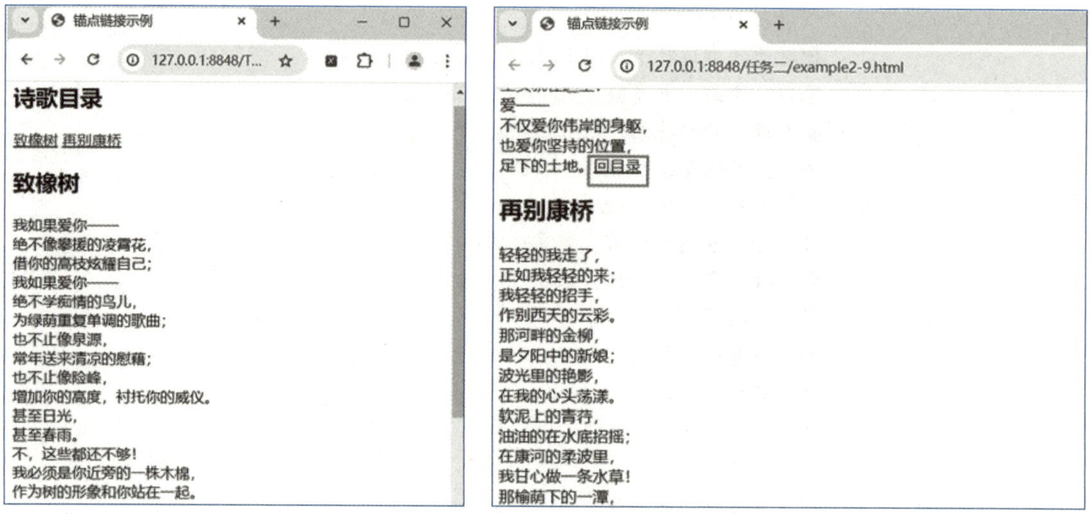

图 1-2-10　锚点链接效果

视 频

序列标签

四、序列标签

为了使网页内容更加清晰、更具有逻辑性，经常将网页信息以列表的形式呈现出来。为了满足网页内容的排版需求，HTML提供了常用的列表类型，如无序列表和有序列表。

1. 无序列表（ul）

无序列表，即各列表项直接没有顺序级别之分，是并列的。无序列表的基本语法格式如下：

```
<ul>
<li>列表选项1</li>
<li>列表选项2</li>
<li>列表选项3</li>
<li>列表选项4</li>
</ul>
```

在上面的语法中，ul是英文unordered list的缩写。浏览器在显示无序列表时，将以特定的项目符号对列表项进行排列，每对<ul>…</ul>标签中至少包含一对<li>…</li>。

例1-2-10　<ul>标签的应用。

```
<!DOCTYPE html>
<html>
    <head>
        <meta charset="utf-8">
        <title>无序列表</title>
    </head>
    <body>
        <h2>我喜欢的水果</h2>
        <hr/>
```

```
            <ul>
                <li>苹果</li>
                <li>香蕉</li>
                <li>葡萄</li>
            </ul>
        </body>
    </html>
```

程序运行结果如图1-2-11所示。

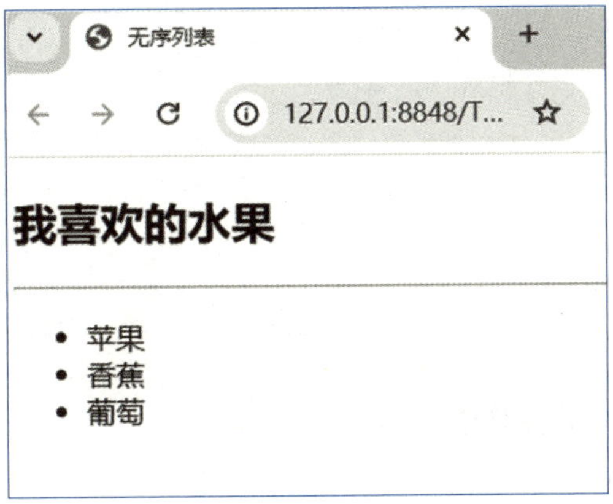

图 1-2-11　无序列表应用效果

2. 有序列表

有序列表即各列表项之间按照一定的顺序排列，如常见的各类排行榜等都可以通过有序列表来表达。有序列表的基本语法格式如下：

```
<ol>
    <li>列表选项1</li>
    <li>列表选项2</li>
    <li>列表选项3</li>
    <li>列表选项4</li>
</ol>
```

其中，ol是英文ordered list的缩写。浏览器在显示有序列表时，将使用数字编号对列表项进行排列。每对<ol>…</ol>标签中至少包含一对<li>…</li>。

<ol>标签有两个常用的属性：

① start属性：用于修改列表编号的起始值。

② reversed属性：用于设置是否对列表进行反向排序。默认false，设置为true时列表反向排列。

例1-2-11　<ol>标签的应用。

```
<!DOCTYPE html>
<html>
    <head>
        <meta charset="utf-8">
```

```
        <title>有序列表</title>
    </head>
    <body>
        <h2>我喜欢的运动</h2>
        <hr/>
        <ol>
            <li>跑步</li>
            <li>跳绳</li>
            <li>游泳</li>
        </ol>
    </body>
</html>
```

程序运行结果如图1-2-12所示。

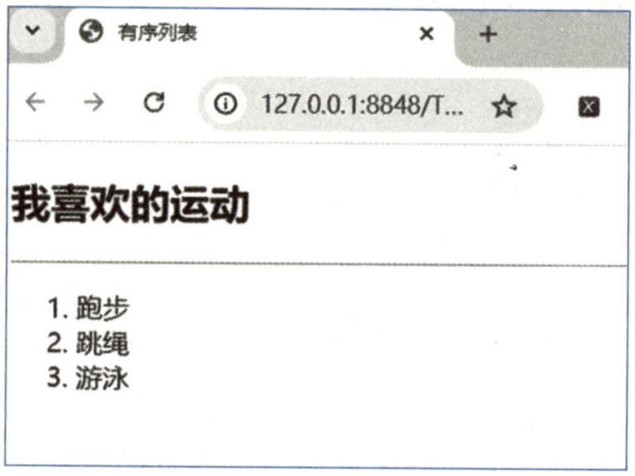

图 1-2-12　有序列表应用效果

下面通过实例讲解无序列表和有序列表的综合应用。

例1-2-12　制作“山东省科技馆入馆须知”网页。

```
<!DOCTYPE html>
<html>
    <head>
        <meta charset="utf-8">
        <title>山东省科技馆入馆须知</title>
    </head>
    <body bgcolor="#a9abff">
        <h2 align="center">山东省科技馆入馆须知</h2>
        <hr color="#e1e16d">
        <strong><i>一、简介</i></strong>
        <p>    山东省科技馆分为地上四层、地下一层，展览教育区总面积4万余平方米，主要包括常设展厅、儿童展厅、山东科技发展成就展厅、室内外公共空间、智慧科技馆、科普影视区、专题展厅等区域，共布设800余件展品，其中互动体验类展品80.2%，多媒体展示类11.8%，静态展示类展品8%；创新展品30%以上，中国特色的展品25%以上。科普影视区，设有球幕影院、巨幕影院、4D动感影院、LED全沉浸式影院等6个科普影院和1个科普影视剧场</p>
```

```
        <strong><i>二、参观须知</i></strong>
        <ol>
            <li>开放时间：每周三至周日运行，周一、二闭馆，开放时间为9:00—16:30，16:00停止检票入馆。</li>
            <li>每周二开始，网上可以提前预约本周所有开放日的主场馆门票，每天预约时间9:00—23:59，开放日每天预约人数为3000人，不提供当日预约。</li>
            <li>文明参观，爱护展品。参观时，请按说明牌操作展品；需工作人员操作、演示的展品请勿随意敲打、触摸。</li>
            <li>遵守公共秩序。请勿在展厅内大声喧哗、追逐打闹；严禁攀爬；上下楼梯主动礼让，不要拥挤和奔跑，以免发生意外。</li>
            <li>保护场馆卫生。馆内严禁吸烟；请勿在展厅及影院内吃零食；请勿随地吐痰、乱扔垃圾。</li>
            <li>馆内严禁使用明火，严禁携带易燃、易爆及其他违禁物品进入馆内，请勿携带宠物入馆。</li>
            <li>4D影院及特色展品：请注意场次、时间及相关说明。</li>
            <li>为保障参观安全，当馆内人数达到限量控制数时，本馆将采取相应的人流控制措施，请参观者予以理解并自觉配合。</li>
            <li>团队参观采取预约制度（周末及节、假日除外），有预约的团队优先入馆参观。</li>
        </ol>
        <strong><i>三、乘车路线</i></strong>
        <ul>
            <li>乘坐济南公交K133路/K167路/K215路</li>
            <li>乘坐济南地铁2号线至二环西路地铁站B口，换乘K215路公交</li>
        </ul>
    </body>
</html>
```

程序运行结果如图1-2-13所示。

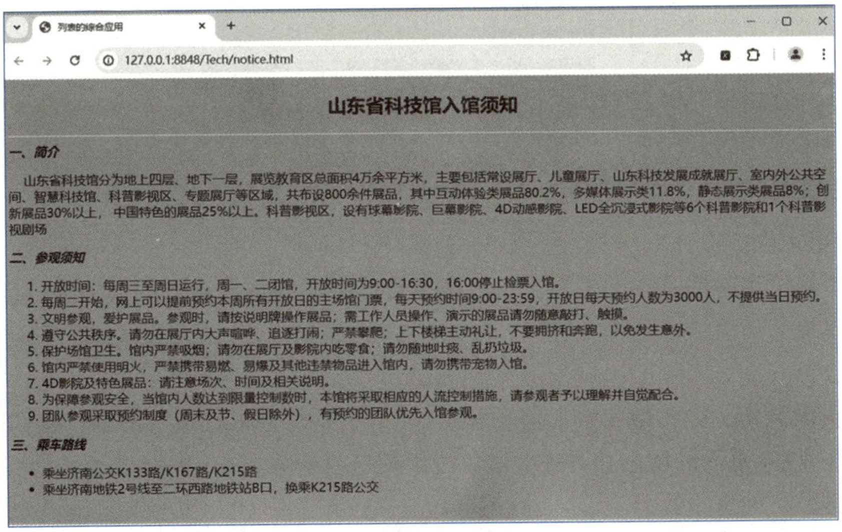

图 1-2-13　列表标签综合应用

视频

任务实施

任务实施

本节将介绍如何制作个人简历网页。

一、页面效果

本任务是使用HBuilderX软件制作“个人简历”页面，网页效果如图1-2-14所示。

图 1-2-14　个人简历页面显示

二、任务要求

1. 选择模板或自行设计

HBuilderX 提供了一些基本的模板，可以根据自己的喜好选择合适的模板进行修改。也可以自行设计布局，确保简历简洁、美观、易读。

2. 页面布局

合理划分页面区域，如头部（个人信息和照片）、主体内容（教育、工作、项目等）、底部（联系方式和声明）。注意页面的留白和对齐，避免过于拥挤或杂乱。

3. 字体选择

选择清晰易读的字体，如宋体、黑体等，重要内容要有突出强调效果。保持字体的一致性，避免使用过多的字体类型和大小。

三、实施步骤

1. 创建新项目

按照前面讲解的创建项目及html文件的步骤，创建一个新项目“个人简历”，并且新建resume.html，用于存放“个人简历”网页需要的所有素材。

2. 设置简历内容

使用合适的html标签组织简历的各个部分，设置如下：

- <h1> 标签：用于大标题，如“个人简历”。
- <h2> 标签：用于二级标题，如“个人信息”“工作经历”“教育背景”等。
- <p> 标签：用于段落文本。

① 个人信息部分：包括姓名、联系方式（电话、邮箱）、照片等。例如：

```
<h2>个人信息</h2><p>姓名：[你的名字]</p><p>电话：[电话号码]</p><p>邮箱：[邮箱地址]</p>
```

② 工作经历部分：按时间由近及远依次描述自己的工作经历，包含公司名称、工作时间、职位、工作职责和成就等。例如：

```
<h2>工作经历</h2><h3>[公司名称]-[职位]-[工作时间]</h3><p>工作职责：[列举主要职责]</p><p>成就：[列举重要成果]</p>
```

③ 教育背景部分：同样按时间倒序，先写最高学历，涵盖学校名称、所学专业、毕业时间、学位等信息。例如：

```
<h2>教育背景</h2><h3>[学校名称] - [专业名称] - [毕业时间]</h3><p>学位：[具体学位]</p>
```

④ 技能部分：列举你的专业技能、语言能力、软件工具等。例如：

```
<h2>技能</h2><p>编程语言：Python、Java、C++</p><p>软件工具：Photoshop、Excel</p>
```

⑤ 兴趣爱好部分（可选）：简单介绍您的兴趣爱好，以展现您的多元化。例如：

```
<h2>兴趣爱好</h2><p>阅读、摄影、旅行</p>
```

四、代码实现

“个人简历”页面代码如下：

```
<!DOCTYPE html>
<html lang="en">
    <head>
        <meta charset="utf-8">
        <title>Web前端工程师个人简历</title>
    </head>
    <body>
        <p>
    <h1>Web前端工程师个人简历</h1>
    <ul>
```

```
        <li>
            <h2>个人信息</h2>
            <p>
            <img src="image/resume.jpg" width="80px" alt="Profile Picture">
            <p><strong>姓名:</strong> 张三</p>
            <p><strong>年龄:</strong> 25岁</p>
            <p><strong>邮箱:</strong> zhangsan@example.com</p>
            <p><strong>电话:</strong> 1234567890</p>
            </p>
        </li>
        <li>
            <h2>教育经历</h2>
            <p>
            <p><strong>学校:</strong> XX大学</p>
            <p><strong>专业:</strong> 计算机科学与技术</p>
            <p><strong>学历:</strong> 本科</p>
            <p><strong>毕业时间:</strong> 2020年</p>
            </p>
        </li>
        <li>
            <h2>技能</h2>
            <p>
            <p>
                <strong>HTML</strong>
                <strong>CSS</strong>
                <strong>JavaScript</strong>
                <strong>React</strong>
                <strong>Vue</strong>
                <strong>Bootstrap</strong>
                <strong>Sass</strong>
                <strong>Git</strong>
            </p>
            </p>
        </li>
        <li>
            <h2>工作经历</h2>
            <p>
            <p><strong>公司:</strong> ABC公司</p>
            <p><strong>职位:</strong> Web前端工程师</p>
            <p><strong>工作时间:</strong> 2020年至今</p>
            <p><strong>工作内容:</strong> 负责开发和维护公司网站，参与前端项目的需求分析、设计和开发工作。</p>
            </p>
        </li>
```

```
            <li>
                <h2>个人项目</h2>
                <p>
                <p><strong>项目名称:</strong> 个人网站</p>
                <p><strong>项目描述:</strong> 使用React和CSS动画开发的个人网站，展示个人作品和技能。</p>
                <p><strong>项目链接:</strong> <a href="https://www.example.com">https://www.example.com</a>
                </p>
                </p>
            </li>
        </ul>
        </p>
        </body>
    </html>
```

进阶训练

设计并制作“济南趵突泉”网页，网页效果如图1-2-15所示。

视 频

任务进阶实现

图 1-2-15　济南趵突泉网页

课后练习

一、填空题

1. HTML 中的列表分为________列表和________列表。
2. 在 HTML 中，<img> 标签的________属性用于设置图像的路径。
3. 在 HTML 中，使用________标签可以插入水平线。
4. <h1> 到 <h6> 标签用于定义不同级别的________。
5. 在网页中实现换行效果应该使用________标签。

二、选择题

1. 在 HTML 中，用于定义段落的标签是（　　）。

   A. <p>　　B. <title>　　C. <div>　　D. <meta/>

2. 以下（　　）标签用于插入图像。

   A. <img>　　B. <picture>　　C. <image>　　D. <photo>

3. 在 HTML 中，用于定义无序列表的标签是（　　）。

   A. <ol>　　B. <ul>　　C. <li>　　D. <dl>

4. HTML 中的属性应该写在（　　）标签中。

   A. 开始标签　　B. 结束标签　　C. 单独的标签　　D. 以上都可以

5. 以下（　　）标签用于定义强调文本。

   A. <i>　　B. <u>　　C. <strong>　　D. <em>

6. 在 HTML 中，用于定义有序列表的标签是（　　）。

   A. <ul>　　B. <ol>　　C. <li>　　D. <dl>

7. HTML 中的标签通常是成对出现的，有开始标签和结束标签，以下（　　）标签没有结束标签。

   A. <img>　　B. <hr>　　C. <input>　　D. 以上都是

8. 以下（　　）标签用于定义超链接。

   A. <a>　　B. <link>　　C. <h1>　　D. <author>

三、问答题

1. 如何在 HTML 中插入图像？
2. 简述 HTML 中的列表类型及用法。
3. 解释 HTML 中的属性和标签的关系。

任务三　美化个人简历

任务目标

素质目标：

- 培养学生“分而治之”的思想。
- 培养学生法律意识，并树立法治观念。
- 培养学生的团队合作和勇于探索的精神。

知识目标：

- 理解DIV+CSS网页布局。
- 掌握3种CSS样式。
- 理解什么是选择器。
- 掌握基本选择器的用法。
- 掌握扩展选择器的用法。

能力目标：

- 学会使用DIV+CSS进行简单的页面布局。
- 学会根据需要使用3种CSS。
- 学会使用基本选择器。
- 灵活运用扩展选择器快速选中页面元素。

知识准备

视　频

CSS样式的使用

一、CSS概述

在前面的任务中，讲解了HTML5基本网页元素及其属性。对网页设计者而言，只学会这些是不够的。在Web标准中，HTML只用于定义网页的结构和内容，使用HTML标签的属性对网页进行修饰的方式存在很大的局限性和不足，代码可读性差，维护难度大。

若想制作出漂亮且符合规范的网页，需要使用CSS样式设置网页元素的属性。例如，用CSS控制版面布局、文本或图片的样式。通过CSS控制网页的外观，从而实现结构与表现的分离。使用CSS样式设计的网页，具有条理规范、布局统一、容易维护等优点。

CSS发展至今出现了4个版本，分别是CSS1、CSS2、CSS2.1和CSS3，CSS3给用户带来了全新的设计体验。目前，各主流浏览器支持其中的绝大部分特性。

二、CSS样式规则

使用HTML5时，需要遵从一定的规范，CSS亦是如此。一种CSS样式通常由若干样式规则组成，每个样式规则都可以看作一条CSS的基本语句，每个规则都包含一个选择器（如body、p等）和写在花括号里的声明，这些声明通常由若干组以分号分隔的属性和值组成。具体格式如下：

```
选择器{属性1:属性值1;属性2:属性值2;属性3:属性值3;}
```

在上面的样式规则中，选择器用于指定 CSS样式作用的HTML对象，花括号中定义的是具体的样式。属性和属性值成对出现，属性和属性值之间用半角状态的冒号“:”连接，多个“键值对”之间用半角状态的分号“;”进行区分。

例如，用CSS对网页中的p元素进行控制，将其字体大小设置为18px，文字颜色设置为蓝色。代码如下：

```
p{font-size:18px;color:blue;}
```

三、CSS样式的引入

若在网页中使用CSS样式控制外观，就需要在网页中引入样式。常用的样式有以下3种：

1. 行内式样式

在行内式样式中，一般通过HTML5标签的style属性设置元素的样式，语法格式如下：

```
<标签名stye="属性1:属性值1;属性2:属性值2; 属性3:属性值3;">内容</标签名>
```

例 **1-3-1**　行内式样式的使用。

```
1   <!DOCTYPE html>
2   <html>
3       <head>
4           <meta charset="utf-8">
5           <title>行内式样式的使用</title>
6       </head>
7       <body>
8           <p style="font-size:18px;color:blue;">行内式样式的使用:用CSS对网页中的&lt;p&gt;标签进行控制，将其字体大小设置为18px，文字颜色设置为蓝色。</p>
9     </body>
10  </html>
```

第8行代码使用行内样式设置字体为18px，颜色为蓝色，程序运行结果如图1-3-1所示。

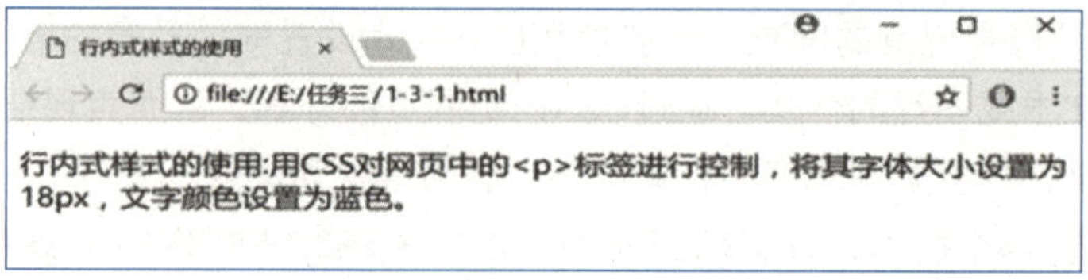

图 1-3-1　行内式样式的使用

温馨提示： 行内式样式通过标签的属性控制样式，并没有体现出CSS样式的结构与表现分离这一优点，因此在实际应用中，行内式样式很少使用，一般适合单次使用。

2. 内嵌式样式

内嵌式样式是将CSS样式集中写在HTML文件的<head>…</head>标签中，并定义在<style>…</style>标签之间，语法格式如下：

```
<head>
    <style type="text/css">
    选择器{
        属性1:属性值1;
        属性2:属性值2;
        属性3:属性值3;
    }
    </style>
</head>
```

在<style>标签的type属性中，说明其内部定义的是CSS代码。

温馨提示： 在HTML5中，<style>标签的type属性可以省略， 因为在HTML5中，样式的type属性默认为text/css，此处的type 属性仅作为一种代码规范进行书写。

例1-3-2　内嵌式样式的使用。

```
1	<!DOCTYPE html>
2	<html>
3	    <head>
4	        <meta charset="utf-8">
5	        <title>内嵌式样式的使用</title>
6	        <style type="text/css">
7	        h1{
8	            font-style:italic;
9	            color: #00F;
10	            text-decoration: underline;
11	        }
12	        p{
13	            font-size:36px;
14	            color:#F00;
15	            font-weight:bold;
16	            background-color:#FF0;
17	        }
18	        </style>
19	    </head>
20	    <body>
21	        <h1>用内嵌式样式修改&lt;h1&gt;标签的样式</h1>
22	        <p>内嵌式样式仅限于本文档使用。</p>
23	    </body>
24	</html>
```

第6～18行代码为内嵌样式的使用，程序运行结果如图1-3-2所示。

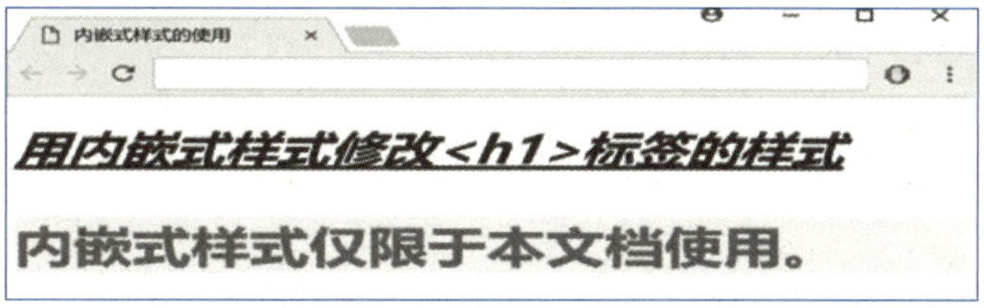

图 1-3-2　内嵌式样式的使用

温馨提示： 内嵌式样式一般定义在<head>…</head>标签内，<title>…</title>标签后。内嵌式样式仅限于本文档使用，因此当一个网站包含多张网页时，内嵌式样式无法体现CSS代码的重用优势，而使用链接式样式更合适。

3. 链接式样式

链接式样式将所有的CSS样式代码单独放在样式文件（扩展名为.css）中，通过<link>标签将样式文件链接到HTML文档中。<link>标签可以放在<head>…</head>标签内的任意位置。链接式样式的语法格式如下：

```
<head>
    <link href="style.css" rel="stylesheet" type="text/css">
</head>
```

其中，href属性用于指定外部样式文件的相对路径；rel属性用于定义当前文档与被链接文档的关系，stylesheet值表示被链接的文档是一个样式文件；type属性用于说明链接的外部文件是CSS样式。

例 1-3-3　链接式样式的使用。

```
<!DOCTYPE html>
<html>
    <head>
        <meta charset="utf-8">
        <title>链接式样式的使用</title>
        <link href="style.css" rel="stylesheet" type="text/css">
    </head>
    <body>
        <p>链接式样式的优势为能够使多张网页共用CSS样式代码。</p>
    </body>
</html>
```

style.css样式文件的内容如下：

```
@charset "utf-8";
p{
    font-family:"黑体";
    font-size: 24px;
    color: #390;
    text-decoration:underline;
}
```

程序运行结果如图1-3-3所示。

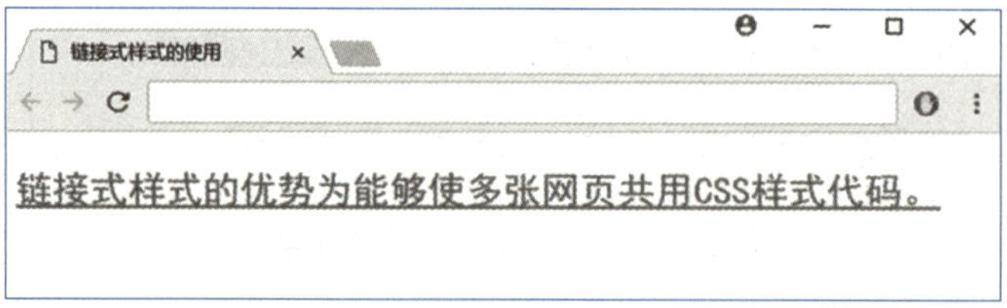

图 1-3-3　链接式样式的使用

四、CSS基础选择器

视频

CSS基础选择器

要想将CSS样式应用于特定的HTML元素，首先需要找到该目标元素。在CSS中，执行这一任务的样式规则部分称为选择器。在CSS中的基础选择器有标签选择器、类选择器、id选择器、通配符选择器、交集选择器、并集选择器、后代选择器。

1. 标签选择器

标签选择器使用HTML标签名称作为选择器，用于更改页面中某一类标签的默认样式。

其语法格式如下：

```
标签名{属性1:属性值1;属性2:属性值2; 属性3:属性值3;}
```

所有的HTML标签都能作为标签选择器，如<body>、<img>、<p>、<h1>、<span>标签等。如果使用标签选择器更改某个标签的样式，则文档中所有的该标签样式均会被更改。

例 1-3-4　标签选择器的使用。

```
<!DOCTYPE html>
<html>
    <head>
        <meta charset="utf-8">
        <title>标签选择器的使用</title>
        <style type="text/css">
            h1{
                font-size: 16px;
                font-style: italic;
                color: #F00;
            }
        </style>
    </head>
    <body>
        <h1>更改 &lt;h1&gt;标签的外观样式</h1>
        <h1>网页中所有 &lt;h1&gt;标签内的内容都会应用该样式</h1>
    </body>
</html>
```

程序运行结果如图1-3-4所示。

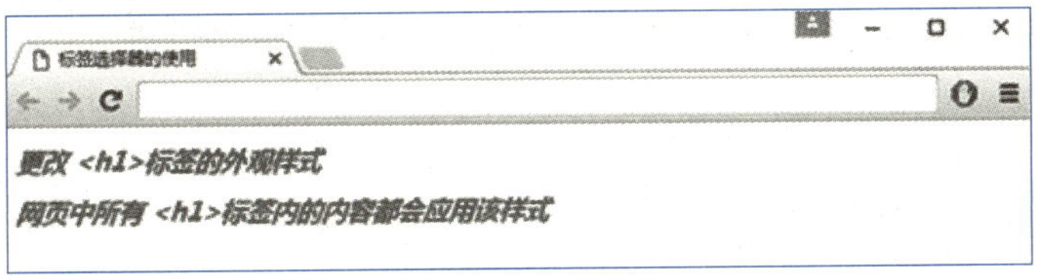

图 1-3-4　标签选择器的使用

2. 类选择器

标签选择器一旦定义后，将会使网页中所有相同标签的样式均发生改变，这就是标签选择器的不足之处，即不能设计差异化的样式。为了能够自由地定义和使用样式，可以使用类选择器，其语法格式如下：

```
.类名{属性1:属性值1;属性2:属性值2;属性3:属性值3;}
```

其中，类名前有一个半角状态的点号“.”，代表类选择器，类名不能使用已有的标签名。

类选择器定义的样式必须使用class属性设置为类名值才能应用样式。例如，定义的类名为p1，则需要在标签内添加class=p1才能应用样式。

例 1-3-5　类选择器的使用。

```
<!DOCTYPE html>
<html>
    <head>
        <meta charset="utf-8">
        <title>类选择器的使用</title>
        <style type="text/css">
            h1{
                font-size: 16px;
                font-style: italic;
            }
            p{
                font-family: "黑体";
            }
            .font1{
                text-decoration: underline;
            }
            .bluefont{
                color: #00F;
            }
        </style>
    </head>
    <body>
        <h1>更改 &lt;h1&gt;标签的外观样式</h1>
        <h1 class="bluefont">此处&lt;h1&gt;标签设置了类选择器</h1>
        <p>更改所有&lt;P&gt;标签的外观样式</p>
        <p class="bluefont font1">此处&lt;P&gt;标签设置了两个类选择器</p>
    </body>
</html>
```

程序运行结果如图1-3-5所示。

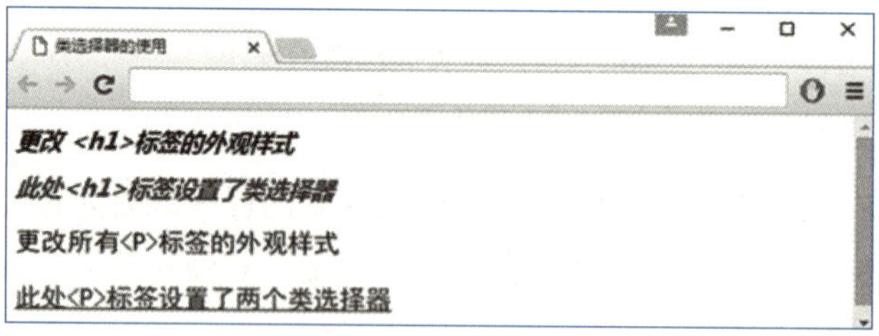

图 1-3-5　类选择器的使用

3. id选择器

HTML标签都有一个id属性，用于唯一标识标签元素。id属性值不能重复，在当前文档页面中必须是唯一的。

id选择器可以为标有特定id的 HTML元素指定特定的样式。其语法格式如下：

```
#id名{属性1:属性值1;属性2:属性值2;属性3:属性值3;}
```

id选择器和类选择器一样，是用户可以自定义的类别名称，不同之处为id选择器使用“#”作为定义标识。例如，下面两个id选择器，第一个id选择器用于定义元素的颜色为红色，第二个id选择器用于定义元素的颜色为绿色：

```
#red{color:red;}
#green{color:green;}
```

下面的HTML代码中，id属性为red 的<p>标签显示为红色，而id属性为green 的<p>标签显示为绿色：

```
<p id="red">这个段落是红色。</p>
<p id="green">这个段落是绿色。</p>
```

由于id属性的唯一性，id选择器所定义的CSS样式在HTML 文档中只应用一次。

例 1-3-6　id选择器的使用。

```
<!DOCTYPE html>
<html>
    <head>
        <meta charset="utf-8">
        <title>id选择器的使用</title>
        <style type="text/css">
            #one{
                color: #FFF;
                background-color: #06C;
            }
            #two{
                font-size: 20px;
                color: #F00;
            }
        </style>
    </head>
    <body>
        <p id="one">背景颜色为蓝色，字颜色为白色</p>
        <p id="two">文字大小为20像素，颜色为红色</p>
    </body>
</html>
```

程序运行结果如图1-3-6所示。

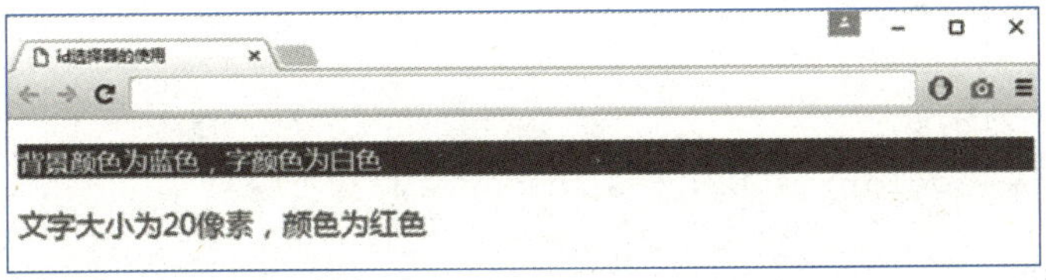

图 1-3-6　id 选择器的使用

4. 通配符选择器

通配符选择器用“*”表示，它能匹配网页中的所有元素，通配符选择器设置的样式将对网页中的所有标签元素起作用。在实际的网页开发工作中，不建议读者使用通配符选择器，因为该选择器将降低网页代码的执行效率。

通配符选择器的语法格式如下：

```
*{属性1:属性值1;属性2:属性值2;属性3:属性值3;}
```

例如：

```
*{
    background-color:#0F0;
}
```

上述代码表示清除所有HTML标签的默认外边距（margin）、内边距（padding），把所有当前标签元素的背景颜色设置为“# 0F0”。

5. 交集选择器

交集选择器是由两个选择器直接连接构成，其结果是选中两者各自元素范围的交集。其中，第一个选择器必须为标签选择器，第二个选择器必须为类选择器或id选择器，这两个选择器之间不能有空格，必须连续书写。这种方式构成的选择器，将选中同时满足前后两者定义的元素，即前者定义的标签类型，其类别或id为后者的元素，因此，这种方式称为交集选择器。

例如，在下面的HTML代码中，第一行代码可用交集选择器p#red表示，第二行代码可用交集选择器p.green表示：

```
<p id="red">这个段落是红色。</p>
<p class="green">这个段落是绿色。</p>
```

例1-3-7 交集选择器的使用。

```
<!DOCTYPE html>
<html>
    <head>
        <meta charset="utf-8">
        <title>交集选择器的使用</title>
        <style type="text/css">
            p{
                color: #F00;            /*红色*/
            }
            .p1{
                color: #0F0;            /*绿色*/
            }
            h2.p1{
                color: #00F;            /*蓝色*/
            }
        </style>
```

```
    </head>
    <body>
        <p>普通段落文本的样式（红色）</p>
        <p class="p1">指定了.p1类的段落文本样式（绿色）</p>
        <h2 class="p1">指定了.p1类的h2标题文本样式（蓝色）</h2>
    </body>
</html>
```

程序运行结果如图1-3-7所示。

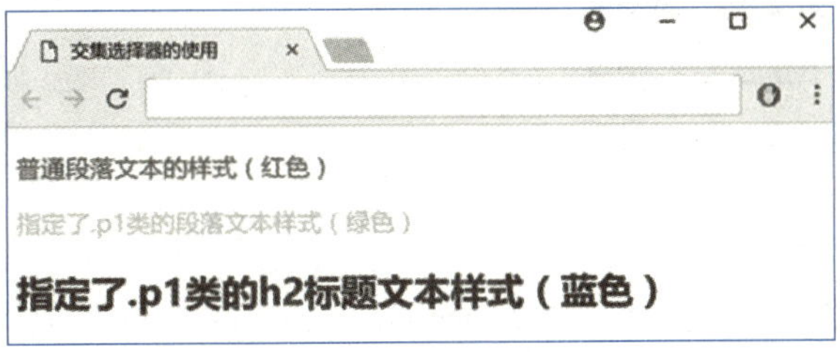

图 1-3-7　交集选择器的使用

6. 并集选择器

如果某些选择器定义的样式完全相同或者部分相同，就可以利用并集选择器为它们定义相同的CSS样式。在并集选择器中，各选择器通过逗号连接而成，这样做避免了多次定义相同的CSS样式代码，极大地降低了代码的冗余程度。

例1-3-8　并集选择器的使用。

```
<!DOCTYPE html>
<html>
    <head>
        <meta charset="utf-8">
        <title>并集选择器的使用</title>
        <style type="text/css">
            p,h1,h2,h2.special,.one,p#two{
                text-decoration: underline;
                font-size: 15px;
            }
        </style>
    </head>
    <body>
        <p>并集选择器的使用 </p>
        <h1>并集选择器的使用 </h1>
        <h2>并集选择器的使用 </h2>
        <h2 class="special">并集选择器的使用 </h2>
        <span class="one">并集选择器的使用 </span>
        <p id="two">并集选择器的使用 </p>
    </body>
</html>
```

程序运行结果如图1-3-8所示。

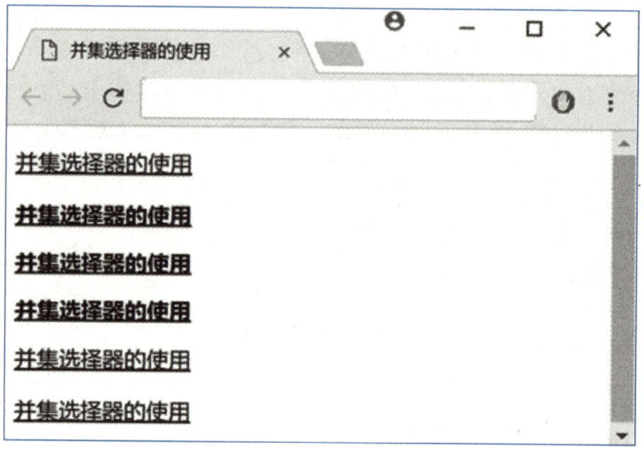

图 1-3-8　并集选择器的使用

从上述代码中可以看出，p、h1、h2、h2.special、.one、p#two六个选择器需要设置相同的CSS样式，则用逗号连接成并集选择器，共同定义一次CSS样式即可。

7. 后代选择器

后代选择器的格式：将外层的标签写在前面，内层的标签写在后面，之间用空格分隔，例如：

```
<h1>热烈庆祝<span>第三十届</span>牡丹文化节召开</h1>
```

在上述代码中，最外层标签是<h1>标签，里面嵌套的标签是<span>标签，则span是h1的后代（或子元素），可用后代选择器h1 span表示。

例 1-3-9　后代选择器的使用。

```
<!DOCTYPE html>
<html>
    <head>
        <meta charset="utf-8">
        <title>后代选择器的使用</title>
        <style type="text/css">
            span{
                text-decoration: underline;
            }
            h2 span{
                color: #F00;
            }
            h3 span{
                color: #00F;
            }
            .uu li ul li{
                font-weight: bold;
                color: #00F;
            }
```

```
        </style>
    </head>
    <body>
        <h2>热烈祝贺<span>第三十届</span>牡丹文化节召开</h2>
        <h3><span>牡丹花</span>分三类十二型</h3>
        <ol class="uu">
            <li>单瓣类
                <ul>
                    <li>黄花魁</li>
                    <li>泼墨紫</li>
                    <li>凤丹</li>
                    <li>盘中取果</li>
                </ul>
            </li>
            <li>重瓣类</li>
            <li>重台类</li>
        </ol>
    </body>
</html>
```

程序运行结果如图1-3-9所示。

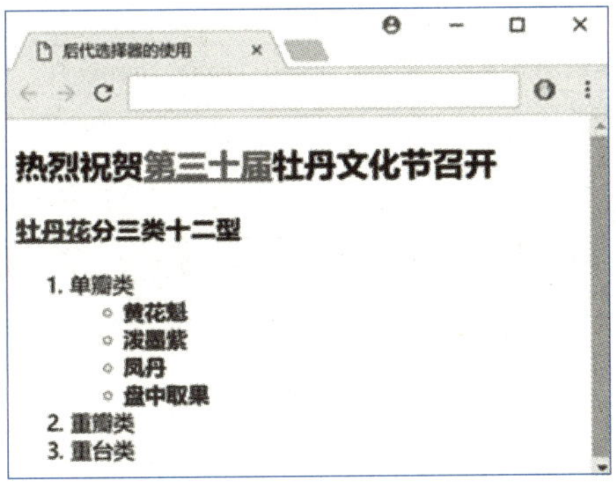

图 1-3-9 后代选择器的使用

五、CSS基础属性

视 频

CSS基础属性

在CSS中，颜色、背景、文本和字体属性是构建网页样式时非常基础且重要的部分。下面分别介绍这些属性的基本用法。

1. 颜色属性

颜色属性主要用于设置文本、背景、边框等的颜色。最常用的颜色属性是color，用于设置文本颜色。

color: 设置文本颜色。可以使用颜色名（如red）、十六进制值（如#FF0000）、RGB[如rgb(255, 0, 0)]、RGBA[如rgba(255, 0, 0, 0.5)，增加了透明度]、HSL[如hsl(0, 100%, 50%)]或HSLA[如hsla(0, 100%, 50%, 0.5)]等方式指定颜色。

2. 背景属性

背景属性用于设置元素的背景颜色、背景图片、背景重复方式、背景图片位置以及背景图片大小等，具体属性含义见表1-3-1。

表 1-3-1 背景属性

背景属性	含义
background-color	设置元素的背景颜色
background-image	设置元素的背景图片
background-repeat	设置背景图片是否重复以及如何重复（repeat、no-repeat、repeat-x、repeat-y）
background-position	设置背景图片的位置
background-size	设置背景图片的大小
background	简写属性，可以在一个声明中设置所有背景属性

3. 文本属性

文本属性用于设置文本的外观，如字体、大小、颜色、对齐方式、行高、缩进等，具体属性及含义见表1-3-2。

表 1-3-2 文本属性

文本属性	含义
font-family	设置文本的字体族
font-size	设置文本的大小
font-weigh	设置字体的粗细（如normal、bold、100～900的数字）
font-style:	设置字体的风格（如normal、italic、oblique）
text-align	设置文本的对齐方式（如left、right、center、justify）
text-decoration	设置文本的装饰（如none、underline、overline、line-through）
text-indent	设置文本的首行缩进
line-height	设置行高
text-shadow	设置文本阴影效果。可以通过设置水平阴影位置、垂直阴影位置、模糊距离和颜色来为文本添加一个或多个阴影效果

4. 字体属性

虽然font-family、font-size、font-weight和font-style等属性通常归类为文本属性，但它们也直接关联到字体的选择和显示。此外，CSS还提供了一个简写属性font，允许在一个声明中设置所有字体属性。

font：简写属性，允许同时设置font-style、font-variant、font-weight、font-size、line-height和font-family。

例如：

```
p{
    font: italic bold 12px/30px Georgia, serif;
}
```

这行代码同时设置了段落的字体风格为斜体、字体粗细为粗体、字体大小为12像素、行高为30像素，并指定了首选字体为Georgia。如果Georgia不可用，则回退到serif字体族。

六、CSS高级特性

视频

CSS高级特性

1. CSS层叠性和继承性

所谓层叠性是指多种CSS样式的叠加。例如，当使用内嵌式CSS样式表定义<p>标签字号大小为12像素，链入式定义<p>标签颜色为红色时，段落文本将显示为12像素红色，即这两种样式产生了叠加。

所谓继承性是指书写CSS样式表时，子标签会继承父标签的某些样式，如文本的颜色和字号。例如，定义主体元素body的文本颜色为黑色，那么页面中所有的文本都将显示为黑色，这是因为其他的标签都嵌套在<body>标签中，是<body>标签的子标签。

继承性非常有用，可使设计师不必在元素的每个后代上添加相同的样式。如果设置的属性是一个可继承的属性，只需将其应用于父元素即可。例如：

```
p,div,h1,h2,h3,h4,ul,ol,dl,li{color:black;}
```

可以写成

```
body{color:black;}
```

第二种写法可以达到相同的控制效果，且代码更简洁。

恰当地使用继承可以简化代码，降低 CSS样式的复杂性。但是，如果在网页中所有的元素都大量继承样式，判断样式的来源就会很困难，所以对于字体、文本属性等网页中通用的样式可以使用继承。例如，字体、字号、颜色、行距等可以在body元素中统一设置，然后通过继承影响文档中的所有文本。

并不是所有的CSS属性都可以继承，例如，下面这些属性就不具有继承性：边框属性、外边距属性、内边距属性、背景属性、定位属性、布局属性、元素宽高属性。

温馨提示： 当为body元素设置字号属性时，标题文本不会采用这个样式，读者可能会认为标题没有继承文本字号，这种想法是不正确的。标题文本之所以不采用body元素设置的字号，是因为标题标记h1~h6有默认字号样式，这时默认字号覆盖了继承的字号。

2. CSS优先级

定义CSS样式时，经常出现两个或更多规则应用在同一元素上，这时就会出现优先级的问题。下面对CSS优先级进行具体讲解。

为了体验CSS优先级，首先来看一个具体的例子：

```
p{color:red;}                    /*标签样式*/
.blue{color:green;}              /*class样式*/
#header{color:blue;}             /*id样式*/
```

其对应的HTML结构如下：

```
<p id="header" class="blue">
    到底显示什么颜色?
</p>
```

在上面的例子中，使用不同的选择器对同一个元素设置文本颜色，这时浏览器会根据选择器的优先级规则解析CSS样式。其实，CSS为每一种基础选择器都分配了一个权重，其中，标签选择器具有权重1，类选择器具有权重10，id选择器具有权重100。这样id选择器 # header就具有最高的优先级，因此文本显示为蓝色。

对于由多个基础选择器构成的复合选择器（并集选择器除外），其权重为这些基础选择器权重的叠加。例如下面的CSS代码：

```
p strong{color:black}                    /*权重为：1+1*/
strong.blue{color:green;}                /*权重为：1+10*/
.father strong{color:yellow}             /*权重为：10+1*/
p.father strong{color:orange;}           /*权重为：1+10+1*/
p.father.blue{color:gold;}               /*权重为：1+10+10*/
#header strong{color:pink;}              /*权重为：100+1*/
#header strong.blue{color:red;}          /*权重为：100+1+10*/
```

对应的HTML结构为：

```
<p class="father" id="header">
    <strong class="blue">文本的颜色</strong>
</p>
```

这时，页面文本将应用权重最高的样式，即文本颜色为红色。

此外，在考虑权重时，读者还需要注意一些特殊的情况。

① 继承样式的权重为0，即在嵌套结构中，不管父元素样式的权重多大，被子元素继承时，它的权重都为0，也就是说子元素定义的样式会覆盖继承来的样式。

例如，下面的CSS样式代码：

```
strong{color:red;}
#header{color:green;}
```

对应的HTML结构为：

```
<p id="header" class="blue">
    <strong>继承样式不如自己定义</strong>
</p>
```

在上面的代码中，虽然 # header具有权重100，但被 strong继承时权重为0，而strong选择器的权重虽然仅为1，但它大于继承样式的权重，所以页面中的文本显示为红色。

② 行内样式优先。应用style属性的元素，其行内样式的权重非常高，可以理解为远大于100。总之，它拥有比上面提到的选择器都高的优先级。

③ 权重相同时，CSS遵循就近原则。也就是说，靠近元素的样式具有最高的优先级，或者说排在最后的样式优先级最高，例如：

```
/*CSS文档，文件名为style.css*/
#header{color:red;}
```

HTML文档结构：

```
<!DOCTYPE html>
```

```
<html>
    <head>
        <meta charset="utf-8">
        <title>CSS优先级</title>
        <link rel="stylesheet" href="style.css" type="text/css"/>
        <style type="text/css">
            #header{color:gray;} /*内嵌式样式*/
        </style>
    </head>
    <body>
        <p id="header">权重相同时，就近优先</p>
    </body>
</html>
```

上面的页面被解析后，段落文本将显示为灰色，即内嵌式样式优先，这是因为内嵌样比链入的外部样式更靠近HTML元素。同样的道理，如果同时引用两个外部样式表，则排下面的样式表具有较高的优先级。

如果此时将内嵌样式更改为

```
p{color:gray;}                                /*内嵌式样式*/
```

则权重不同，#header的权重更高，文字将显示为外部样式定义的红色。

④ CSS定义了一个!important命令，该命令被赋予最高的优先级。也就是说，不管权重如何及样式位置的远近，!important都具有最高优先级。例如：

```
/*CSS文档，文件名为style.css*/
#header{color:red!important;}                 /*外部样式表*/
```

HTML文档结构如下：

```
<!DOCTYPE html>
<html>
    <head>
        <meta charset="utf-8">
        <title>!important命令最优先</title>
        <link rel="stylesheet" href="style.css" type="text/css"/>
        <style type="text/css">
            #header{color:gray;}
        </style>
    </head>
    <body>
        <p id="header" style="color:yellow">天王盖地虎，！ important命令最优先</p>
    </body>
</html>
```

该页面被解析后，段落文本显示为红色，即使用!important命令的样式拥有最高的优先级。需要注意的是，!important命令必须位于属性值和分号之间，否则无效。

任务实施

一、页面效果

本次任务是美化“个人简历”页面，网页效果如图1-3-10所示。

视 频

任务实施

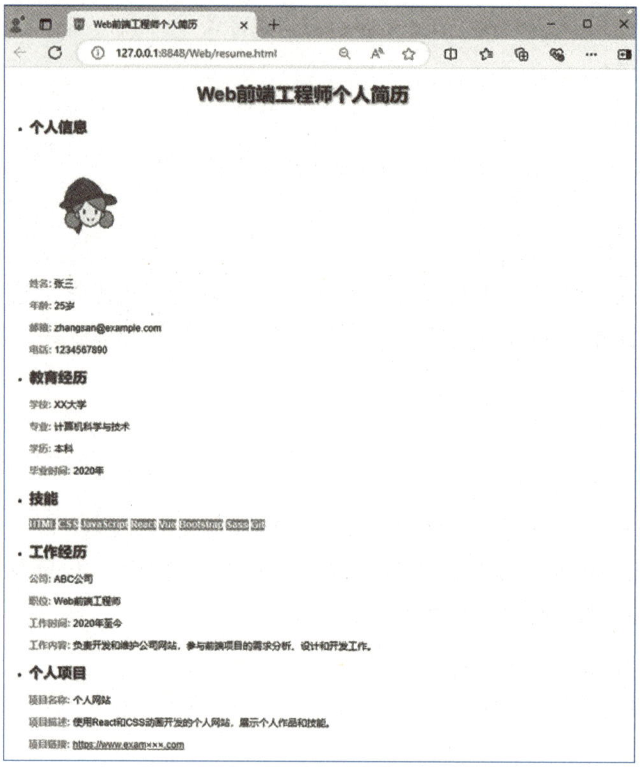

图 1-3-10　美化后个人简历网页

二、任务要求

按照效果图1-3-10完成设计一个美观且功能完善的个人简历网页。要求如下：

① 简洁明了：简历应该简洁明了，内容要点突出，避免冗长和废话。用简洁的语言描述自己的经历和技能，让招聘者能够快速了解你的能力和经验。

② 结构清晰：简历应该有清晰的结构，包括个人信息、教育经历、技能、工作经历和个人项目等部分。每个部分都应该有明确的标题和内容，使招聘者能够快速找到他们感兴趣的信息。

③ 强调重点：在简历中，应该强调自己的重点技能和经验，突出自己的优势。可以使用粗体、斜体或高亮等方式强调关键词或关键信息，吸引招聘者的注意。

④ 格式整齐：简历的格式应该整齐、统一和易读。使用合适的字体、字号和行距，保持段落和标题的一致性；使用列表和表格等方式来组织信息，使其更易于阅读和理解。

三、实施步骤

① 分析个人简历网页布局，如图1-3-11所示。

② 新建resume.html，将网页标题栏内容设置为“Web前端工程师个人简历”，可以使用标签控制页面整体效果。

③ 个人简历页面的标题可以使用<h1>定义，个人信息、教育经历、技能、工作经历和个人项目等内容可以使用列表定义，同时又包含标题<h2>和内容<p>两部分。

④ 新建resume.css文件，对网页进行样式设置，并用<link>标签引入该样式文件。

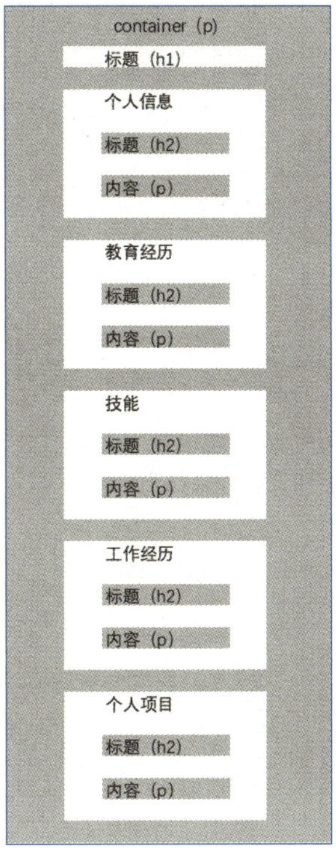

图 1-3-11　个人简历网页布局

四、代码实现

resume.html文件代码如下：

```
<!DOCTYPE html>
<HTML lang="en">
    <head>
        <meta charset="UTF-8">
        <meta name="viewport" content="width=device-width, initial-scale=1.0">
        <title>Web前端工程师个人简历</title>
        <link href="resume.css" type="text/css" rel="stylesheet"/>
    </head>
    <body>
        <p class="container">
            <h1>Web前端工程师个人简历</h1>
            <ul>
                <li>
                    <h2 class="section-title">个人信息</h2>
                    <p class="section-content">
                        <img class="profile-picture" src="profile-picture.jpg" alt="Profile Picture">
                        <p><strong class="highlight">姓名:</strong> 张三</p>
                        <p><strong class="highlight">年龄:</strong> 25岁</p>
                        <p><strong class="highlight">邮箱:</strong> zhangsan@example.com</p>
                        <p><strong class="highlight">电话:</strong> 1234567890</p>
                    </p>
                </li>
                <li>
                    <h2 class="section-title">教育经历</h2>
                        <p class="section-content">
                        <p><strong class="highlight">学校:</strong> ××大学</p>
```

```
                <p><strong class="highlight">专业:</strong> 计算机科学与技术</p>
                <p><strong class="highlight">学历:</strong> 本科</p>
                <p><strong class="highlight">毕业时间:</strong> 2020年</p>
            </p>
        </li>
        <li>
            <h2 class="section-title">技能</h2>
            <p class="section-content">
                <p class="skills">
                    <strong class="skill">HTML</strong>
                    <strong class="skill">CSS</strong>
                    <strong class="skill">JavaScript</strong>
                    <strong class="skill">React</strong>
                    <strong class="skill">Vue</strong>
                    <strong class="skill">Bootstrap</strong>
                    <strong class="skill">Sass</strong>
                    <strong class="skill">Git</strong>
                </p>
            </p>
        </li>
        <li>
            <h2 class="section-title">工作经历</h2>
            <p class="section-content">
                <p><strong class="highlight">公司:</strong>ABC公司</p>
                <p><strong class="highlight">职位:</strong> Web前端工程师</p>
                <p><strong class="highlight">工作时间:</strong> 2020年至今</p>
                <p><strong class="highlight">工作内容:</strong> 负责开发和维护公司网站，参与前端项目的需求分析、设计和开发工作。</p>
            </p>
        </li>
        <li>
            <h2 class="section-title">个人项目</h2>
            <p class="section-content">
                <p><strong class="highlight">项目名称:</strong> 个人网站</p>
                <p><strong class="highlight">项目描述:</strong> 使用React和CSS动画开发的个人网站，展示个人作品和技能。</p>
                <p><strong class="highlight">项目链接:</strong> <a href="https://www.exam×××.com">https://www.exam×××.com</a>
            </p>
            </p>
```

```
64                  </li>
65              </ul>
66          </p>
67      </body>
68  </html>
```

在上述代码中，第11行为页面标题；第12～65行为页面内容部分，使用了无序列表将内容部分又划分为个人信息、教育经历、技能、工作经历和个人项目5个项目，每个项目分别使用<h2>与<p>标签定义标题和内容部分。

搭建完页面结构后，下面使用CSS对页面的样式进行修饰。采用从整体到局部的方式实现图1-3-10所示的效果。resume.css文件代码如下：

```
body{
    font-family: Arial, sans-serif;
    width: 1000px;
    }

.container{
    max-width: 800px;
    background-color: #fff;
    }
/* 简历标题设置 */
h1{
    text-align: center;
    color: #333;
    text-shadow: 2px 2px 4px rgba(0, 0, 0, 0.3);
}

/* 项目标题设置 */
.section-title{
    font-size: 24px;
    font-weight: bold;
    color: #333;
    text-shadow: 1px 1px 2px rgba(0, 0, 0, 0.3);
}

/* 头像设置 */
.profile-picture{
    width: 200px;
    height: 200px;
}

/* 教育经历条目设置 */
.highlight{
    color: #ff6f00;
```

```
34        font-weight: bold;
35    }
36
37    /* 技能设置 */
38    .skill{
39        background-color: #ff6f00;
40        color: #fff;
41    }
```

代码分析：

第11～15行代码设置简历标题居中显示、颜色及阴影效果。

第18～23行代码设置项目标题字体大小、粗细、颜色及阴影效果。

第26～29行代码设置头像的大小。

第32～35行代码设置教育经历条目的字体颜色及样式。

第38～41行代码设置技能背景颜色及字体颜色。

至此，刷新resume.html页面，完成个人简历页面的美化。

进阶训练

视 频

知识拓展

一、知识拓展

前面已经介绍过一些常用的选择器，这些选择器基本上能够满足Web设计师常规的设计需求。下面将介绍CSS3中新增的多种选择器，通过学习，读者可以更轻松地控制网页元素。

1. 属性选择器

属性选择器可以根据元素的属性及属性值来选择元素。CSS3中新增了3 种属性选择器：E[att^=value]、E[att$=value]和E[att*=value]，下面依次进行介绍。

（1）E[att^=value]属性选择器

E[att^=value]属性选择器是指选择名称为E的标签，且该标签定义了att属性，att属性值包含前缀为value的子字符串。需要注意的是E是可以省略的，如果省略则表示可以匹配满足条件的任意元素。例如，div[id^=section]表示匹配包含id属性，且id属性值是以section字符串开头的div元素。

例1-3-10 E[att^=value]属性选择器的使用。

```
<!doctype html>
<html>
    <head>
        <meta charset="utf-8">
        <title>E[att^=value] 属性选择器的应用</title>
        <style type="text/css">
            p[id^=one]{
                color:pink;
                font-family: "微软雅黑";
                font-size: 20px;
```

```
            }
        </style>
    </head>
    <body>
        <p id="one">
            这几天心里颇不宁静。今晚在院子里坐着乘凉，忽然想起日日走过的荷塘，在这满月的光里，总该另有一番样子吧。
        </p>
        <p id="two">
            沿着荷塘，是一条曲折的小煤屑路。这是一条幽僻的路；白天也少人走，夜晚更加寂寞。荷塘四面，长着许多树，蓊蓊郁郁的。路的一旁，是些杨柳，和一些不知道名字的树。没有月光的晚上，这路上阴森森的，有些怕人。今晚却很好，虽然月光也还是淡淡的。
        </p>
        <p id="one1">
            路上只我一个人，背着手踱着。这一片天地好像是我的；我也像超出了平常的自己，到了另一个世界里。我爱热闹，也爱冷静；爱群居，也爱独处。像今晚上，一个人在这苍茫的月下，什么都可以想，什么都可以不想，便觉是个自由的人。白天里一定要做的事，一定要说的话，现在都可不理。这是独处的妙处，我且受用这无边的荷香月色好了。
        </p>
        <p id="two1">
            曲曲折折的荷塘上面，弥望的是田田的叶子。叶子出水很高，像亭亭的舞女的裙。层层的叶子中间，零星地点缀着些白花，有袅娜地开着的，有羞涩地打着朵儿的；正如一粒粒的明珠，又如碧天里的星星，又如刚出浴的美人。微风过处，送来缕缕清香，仿佛远处高楼上渺茫的歌声似的。这时候叶子与花也有一丝的颤动，像闪电般，霎时传过荷塘的那边去了。叶子本是肩并肩密密地挨着，这便宛然有了一道凝碧的波痕。叶子底下是脉脉的流水，遮住了，不能见一些颜色；而叶子却更见风致了。
        </p>
    </body>
</html>
```

程序运行结果如图1-3-12所示。

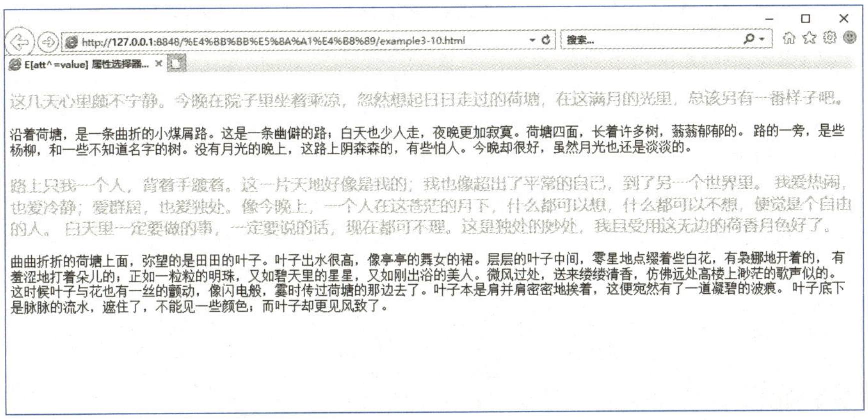

图 1-3-12　E[att^=value] 属性选择器的使用

（2）E[att$=value]属性选择器

E[att$=value]属性选择器是指选择名称为E的标签，且该标签定义了att属性，att属性值包含后缀为value的子字符串。与 E[att^=value]选择器一样，E元素可以省略，如果省略则表示可以匹配满足条件的任意元素。例如，div[id$=section]表示匹配包含id属性，且id 属性值是以section字符串结尾的div元素。

例1-3-11 E[att$=value]属性选择器的使用。

```
<!DOCTYPE html>
<html>
    <head>
        <meta charset="utf-8">
        <title>E[att$=value] 属性选择器的应用</title>
        <style type="text/css">
            p[id$=main]{
                color:#0cf;
                font-family: "宋体";
                font-size:20px;
            }
        </style>
    </head>
    <body>
        <p id="old1">
            盼望着，盼望着，东风来了，春天的脚步近了。
        </p>
        <p id="old2">
            小草偷偷地从土里钻出来，嫩嫩的，绿绿的。园子里，田野里，瞧去，一大片一大片满是的。坐着，躺着，打两个滚，踢几脚球，赛几趟，捉几回迷藏。风轻悄悄的，草绵软软的。
        </p>
        <p id="oldmain">
            桃树、杏树、梨树，你不让我，我不让你，都开满了花赶趟儿。红的像火，粉的像霞，白的像雪。花里带着甜味，闭了眼，树上仿佛已经是桃儿、杏儿、梨儿！花下成千成百的蜜蜂嗡嗡地闹着……
        </p>
        <p id="newmain">
            “吹面不寒杨柳风”，不错的，像母亲的手抚摸着你。风里带来些新翻的泥土的气息，混着青草味，还有各种花的香，都在微微润湿的空气酝酿。鸟儿将窠巢安在繁花嫩叶当中，高兴起来了……
        </p>
    </body>
</html>
```

程序运行结果如图1-3-13所示。

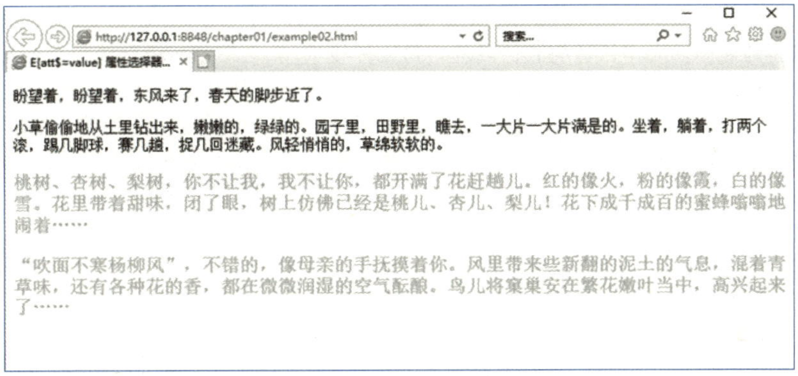

图 1-3-13　E[att$=value] 属性选择器的使用

（3）E[att*=value]属性选择器

E[att*=value]选择器用于选择名称为E的标签，且该标签定义了att属性，att属性值包含value子字符串。该选择器与前两个选择器一样，E元素也可以省略，如果省略则表示可以匹配满足条件的任意元素。例如，div[id*=section]表示匹配包含id属性，且id属性值包含section字符串的div元素。

例 1-3-12　E[att*=value]属性选择器的使用。

```
<!doctype html>
<html>
<head>
    <meta charset="utf-8">
    <title>E[att*=value]属性选择器的使用</title>
        <style type="text/css">
            p[id*="demo"]{
                color:#0ca;
                font-family: "宋体";
                font-size:20px;
            }
        </style>
    </head>
    <body>
    <p id="demo1">
        燕子去了，有再来的时候;杨柳枯了，有再青的时候;桃花谢了，有再开的时候。但是，聪明的，你告诉我，我们的日子为什么一去不复返呢?——是有人偷了他们罢:那是谁?又藏在何处呢?是他们自己逃走了罢:现在又到了哪里呢?
    </p>
    <p id="main1">
        我不知道他们给了我多少日子;但我的手确乎是渐渐空虚了。在默默里算着，八千多日子已经从我手中溜去;像针尖上一滴水滴在大海里，我的日子滴在时间的流里，没有声音，也没有影子。我不禁头涔涔而泪潸潸了。
    </p>
    <p id="newdemo">
```

```
        去的尽管去了，来的尽管来着；去来的中间，又怎样地匆匆呢？早上我起来的时候，小屋里射进两三方斜斜的太阳。太阳他有脚啊，轻轻悄悄地挪移了；我也茫茫然跟着旋转。于是——洗手的时候，日子从水盆里过去；吃饭的时候，日子从饭碗里过去；默默时，便从凝然的双眼前过去。我觉察他去的匆匆了，伸出手遮挽时，他又从遮挽着的手边过去，天黑时，我躺在床上，他便伶伶俐俐地从我身上跨过，从我脚边飞去了。等我睁开眼和太阳再见，这算又溜走了一日。我掩着面叹息。但是新来的日子的影儿又开始在叹息里闪过了。
    </p>
    <p id="olddemo">
        在逃去如飞的日子里，在千门万户的世界里的我能做些什么呢？只有徘徊罢了，只有匆匆罢了；在八千多日的匆匆里，除徘徊外，又剩些什么呢？过去的日子如轻烟，被微风吹散了，如薄雾，被初阳蒸融了；我留着些什么痕迹呢？我何曾留着像游丝样的痕迹呢？我赤裸裸来到这世界，转眼间也将赤裸裸地回去罢？但不能平的，为什么偏要白白走这一遭啊？
    </p>
    </body>
</html>
```

程序运行结果如图1-3-14所示。

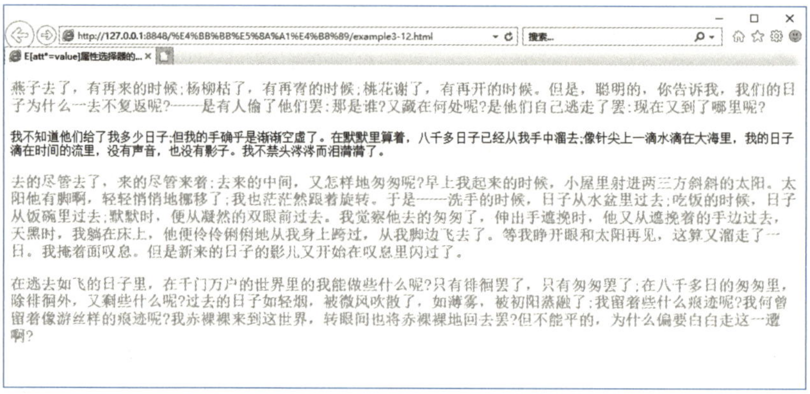

图 1-3-14　E[att*=value] 属性选择器的使用

2. 关系选择器

CSS3中的关系选择器主要包括子代选择器和兄弟选择器，其中子代选择器由符号“>”连接，兄弟选择器由符号“+”和“～”连接，下面讲解这两种选择器。

（1）子代选择器（>）

子代选择器主要用来选择某个元素的第一级子元素。例如，希望选择只作为h1元素子元素的strong元素，可以写为：h1>strong。

例1-3-13　子代选择器的使用。

```
<!DOCTYPE html>
<html>
    <head>
        <meta charset="utf-8">
        <title>子代选择器的应用</title>
        <style type="text/css">
```

```
            h1>strong{
                color:red;
                font-size:20px;
                font-family:"微软雅黑";
            }
        </style>
    </head>
    <body>
        <h1>这个<strong>知识点</strong>很<strong>重要</strong></h1>
        <h1>Web<em><strong>前端</strong></em>欢迎你! </h1>
    </body>
</html>
```

程序运行结果如图1-3-15所示。

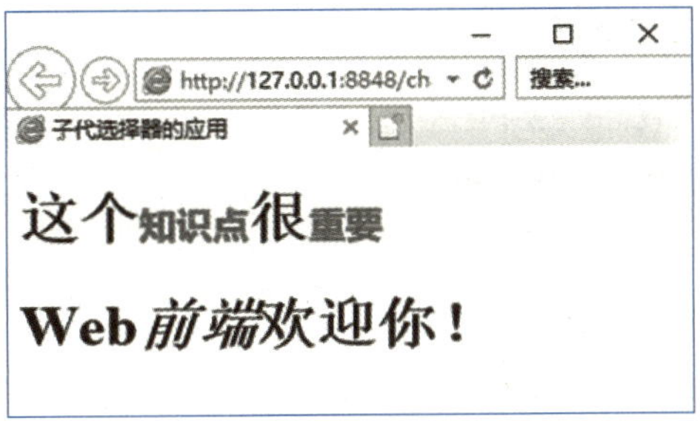

图 1-3-15　子代选择器的使用

(2) 兄弟选择器（+、~）

兄弟选择器用来选择与某元素位于同一个父元素之中，且位于该元素之后的兄弟元素。兄弟选择器分为临近兄弟选择器和普通兄弟选择器两种：

① 临近兄弟选择器：使用加号“+”链接前后两个选择器。选择器中的两个元素有同一个父亲，且第二个元素必须紧跟第一个元素。

例 1-3-14　临近兄弟选择器的使用。

```
<!DOCTYPE html>
<html>
    <head>
        <meta charset="utf-8">
        <title>临近兄弟选择器的应用</title>
        <style type="text/css">
            p+h2{
                color:green;
                font-family:"宋体";
                font-size:20px;
            }
        </style>
```

```
    </head>
    <body>
        <h2>《赠汪伦》</h2>
        <p>李白乘舟将欲行，</p>
        <h2>忽闻岸上踏歌声。</h2>
        <h2>桃花潭水深千尺，</h2>
        <h2>不及汪伦送我情。</h2>
    </body>
</html>
```

程序运行结果如图1-3-16所示。

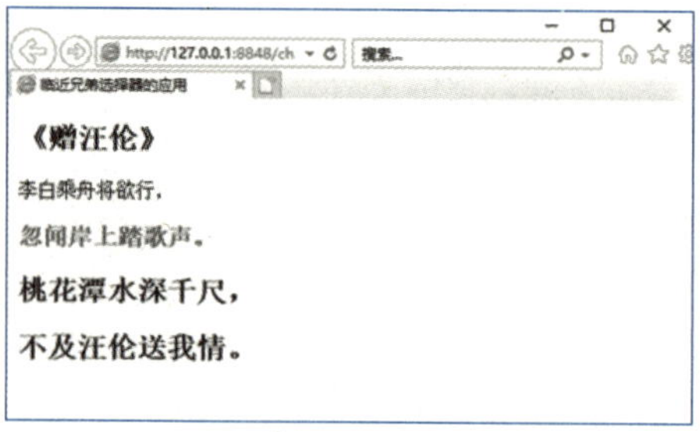

图 1-3-16　临近兄弟选择器的使用

② 普通兄弟选择器：使用“～”来链接前后两个选择器。选择器中的两个元素有同一个父亲，但第二个元素不必紧跟第一个元素。

例 1-3-15　普通兄弟选择器的使用。

```
<!DOCTYPE html>
<html>
    <head>
        <meta charset="utf-8">
        <title>普通兄弟选择器</title>
        <style type="text/css">
            p~h2{
                color:pink;
                font-family:"微软雅黑";
                font-size:20px;
            }
        </style>
    </head>
    <body>
        <p>你站在桥上看风景</p>
        <h2>看风景的人在楼上看你</h2>
        <h2>明月装饰了你的窗子</h2>
        <h2>你装饰了别人的梦</h2>
```

```
    </body>
</html>
```

程序运行结果如图1-3-17所示。

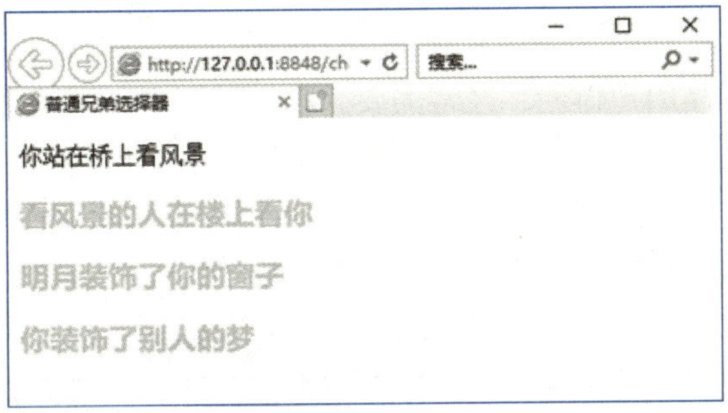

图 1-3-17　普通兄弟选择器的使用

3. 伪选择器

在CSS3中，伪选择器分为伪类选择器和伪元素选择器。

（1）伪类选择器

CSS中有很多伪类选择器用于为选择器添加特殊效果。常用的伪类选择器见表1-3-3。

表 1-3-3　常用的伪类选择器

元　素　名	示　　例	描　　述
:link	a:link	选择所有未访问的链接
:visited	a:visited	选择所有访问过的链接
:hover	a:hover	选择鼠标悬停链接上的状态
:active	a:active	选择鼠标单击链接时的状态
:root	root	选择文档的根元素，通常是返回HTML
:first-child	p:first-child	匹配属于任意元素的第一个子元素的<p>元素
:last-child	p:last-child	选择所有p元素的最后一个子元素
:only-child	p:only-child	选择所有仅有一个子元素的p元素
:only-of-type	p:only-of-type	选择所有仅有一个子元素为p的元素
:nth-child(n)	p:nth-child(2)	选择所有p元素的父元素的第二个子元素
:nth-last-child(n)	p:nth-last-child(2)	选择所有p元素倒数的第二个子元素
:nth-of-type(n)	p:nth-of-type(2)	选择所有p元素第二个为p的子元素
:nth-last-of-type(n)	p:nth-last-of-type(2)	选择所有p元素倒数的第二个为p的子元素

（2）伪元素选择器

CSS伪元素用于为选择器添加特殊效果。常用的伪元素选择器见表1-3-4。

表 1-3-4　常用的伪元素选择器

元　素　名	示　　例	描　　述
:first-letter	p:first-letter	选择p段落的首字母
:first-line	p:first-line	选择p元素的首行
:before	h1:before	在元素h1的内容前面插入新内容，必须配合content属性指定要插入的具体内容
:after	h2:after	在元素h1的内容后面插入新内容，必须配合content属性指定要插入的具体内容

温馨提示： :empty选择器用来选择没有子元素或文本内容为空的所有元素。:target选择器用于为页面中的某个target元素指定样式。

4. 链接伪类

定义超链接时，为了提高用户体验，经常需要为超链接指定不同的状态，使得超链接在单击前、单击后和鼠标悬停时的样式不同。在CSS中，通过链接伪类可以实现不同的链接状态。

所谓伪类并不是真正意义上的类，它的名称是由系统定义的，通常由标签名、类名或id名加“:”构成。超链接标签<a>的伪类有4种，具体见表1-3-5。

表 1-3-5　常用的伪元素选择器

超链接标签<a>的伪类	超链接状态
a:link	未访问过的超链接
a:visited	已经访问过的超链接
a:hover	鼠标经过或悬停在超链接上
a:active	鼠标按下而未放开时的超链接

例 1-3-16　链接伪类的使用。

```
<!DOCTYPE html>
<html>
    <head>
    <meta charset="utf-8">
    <title>链接伪类</title>
    </head>
        <style type="text/css">
            a:link,a:visited{                        /*未访问和访问后*/
                color:pink;
                text-decoration:none;                /*清除超链接默认的下画线*/
            }
            a:hover{                                 /*鼠标悬停*/
                color:blue;
                text-decoration:underline;           /*鼠标悬停时出现下画线*/
            }
            a:active{ color:#F00;}                   /*鼠标点击不动*/
        </style>
    </head>
    <body>
        <a href="#">公司首页</a>
        <a href="#">公司简介</a>
        <a href="#">产品介绍</a>
        <a href="#">联系我们</a>
    </body>
</html>
```

运行程序，未访问和访问后网页效果如图1-3-18（a）所示，鼠标悬停网页效果如图1-3-18（b）所示，鼠标点击不动网页效果如图1-3-18（c）所示。

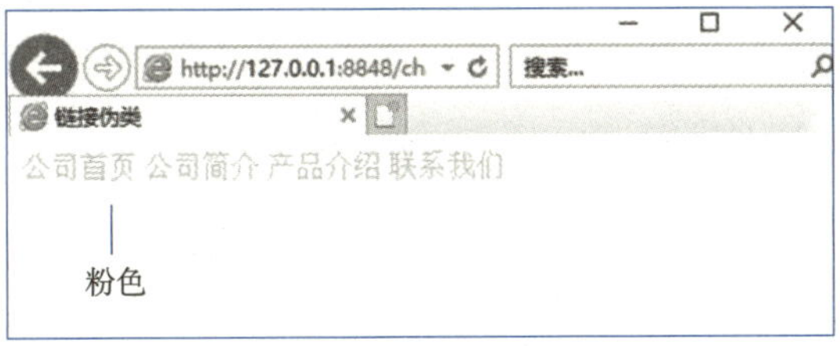

（a）未访问和访问后的网页

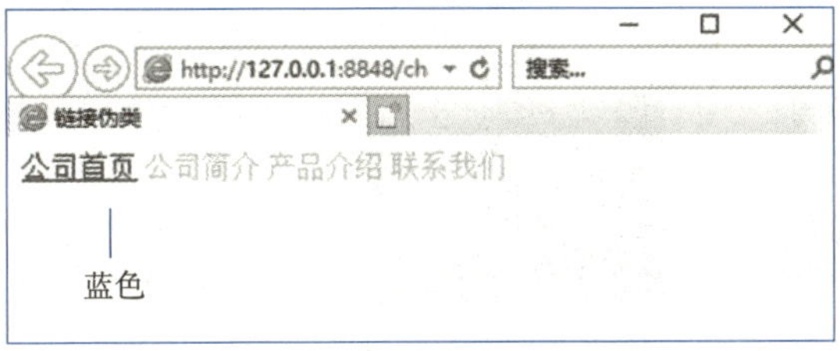

（b）鼠标悬停网页效果

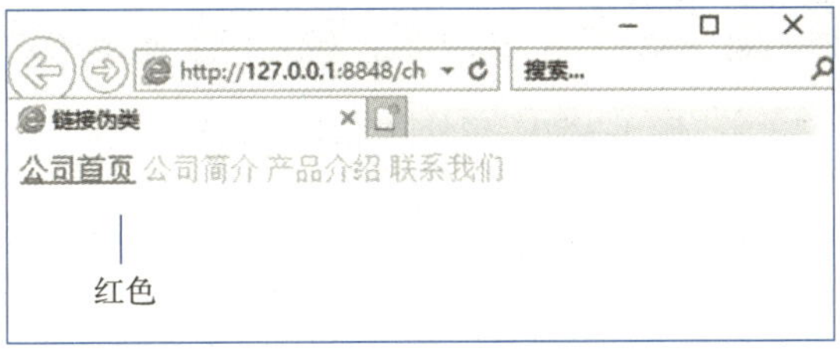

（c）鼠标点击不动网页效果

图 1-3-18　链接伪类的使用

二、进阶案例

美化“济南趵突泉”网页，效果如图1-3-19所示。

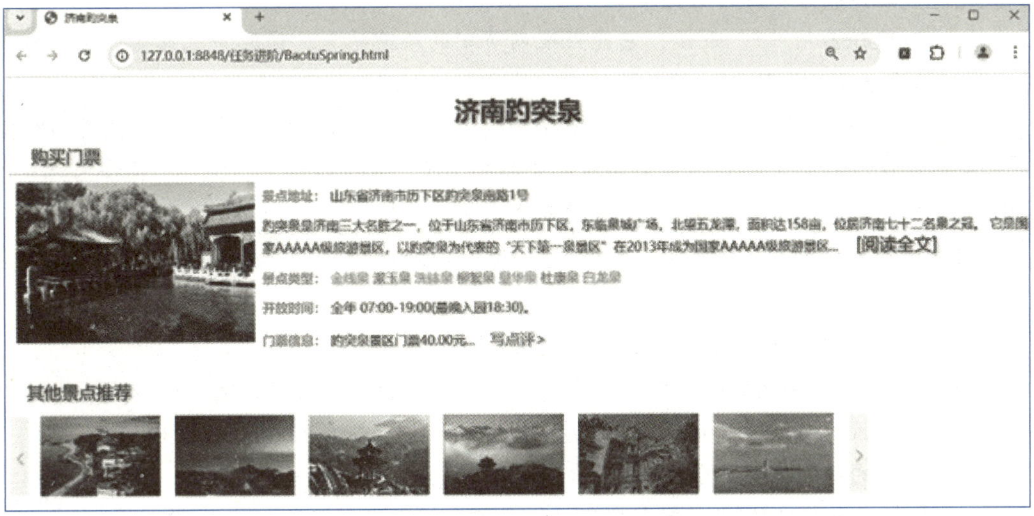

图 1-3-19　“济南趵突泉”网页默认效果

鼠标悬浮“购买门票”、“阅读全文”和“其他景点推荐”时，该选项的颜色发生变化，且添加下画线效果，如图1-3-20所示。

视 频

任务进阶实现

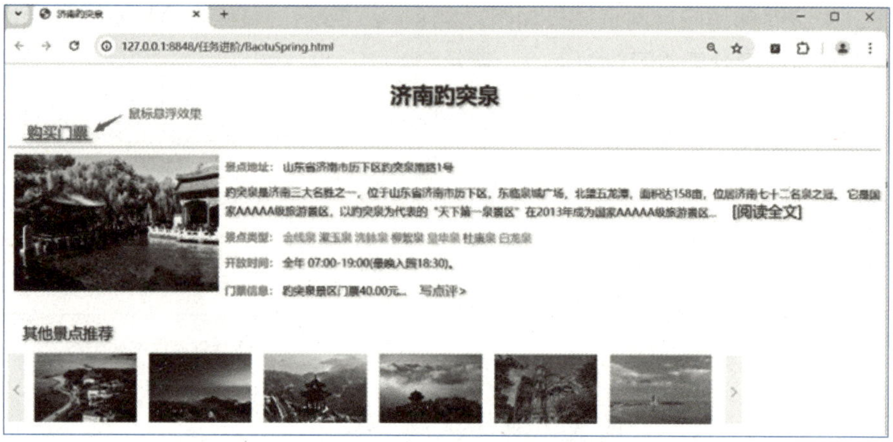

图 1-3-20　鼠标悬浮超链接效果

课后练习

一、填空题

1. 若在网页中使用 CSS 样式控制外观，需要在网页中引入样式，常用的样式有三种，分别为________、________和________。

2. ________选择器使用 HTML 标签名称作为选择器，用于更改页面中某一类标签的默认样式。

3. ________选择器定义的样式必须使用 class 属性设置为类名值才能应用样式。

4. ________选择器可以为标有特定 id 的 HTML 元素指定特定的样式。

5. ________选择器用“*”表示，它能匹配网页中的所有元素，通配符选择器设置的样式将对网页中的所有标签元素起作用。

6. ________选择器是由两个选择器直接连接构成，其结果是选中两者各自元素范围的交集。

7. 如果某些选择器定义的样式完全相同或者部分相同，就可以利用________选择器为它们定义相同的 CSS 样式，各选择器通过________连接而成。

8. 后代选择器的格式：将外层的标签写在前面，内层的标签写在后面，之间用________分隔。

二、选择题

1. 通过（　　）为所有的 <h1> 元素添加背景颜色。

　A. h1.all {background-color:#FFFFFF}　　B. h1 {background-color:#FFFFFF}

　C. all.h1 {background-color:#FFFFFF}　　D. h1.{background-color:#FFFFFF}

2. 外部样式表的最大优势在于（　　）。

　A. CSS 代码与 HTML 代码完全分离　　B. CSS 代码写在 <head> 与 </head> 之间

　C. 直接对 HTML 的标签使用 style 属性　　D. 采用 import 方式导入样式表

3. 下面不属于 CSS 样式的引入方式的是（　　）。

　A. 索引式　　B. 行内样式　　C. 内部样式表　　D. 外部样式表

4. 在 HTML 文档中，引用外部样式表的正确位置是（　　）。

　A. 文档的末尾　　B. 文档的顶部　　C. <body> 部分　　D. <head> 部分

5. 下列（　　）选项的 CSS 语法是正确的。

A. body:color=black　　B. {body:color=black(body}

C. body {color: black}　　D. {body;color:black}

6. 下列（　　）CSS 属性可控制字号。

A. font-size　　B. text-style　　C. font-style　　D. text-size

7. 在以下的 CSS 代码中，可使所有 <p> 元素变为粗体的正确语法是（　　）。

A. <p style="font-size:bold">　　B. <p style="text-size:bold">

C. p {font-weight:bold}　　D. p {text-size:bold}

8. 以下（　　）选项可以改变元素的字体。

A. font=　　B. f:　　C. font-family:　　D. Font

9. 以下（　　）选项可以使文本变为粗体。

A. font:b　　B. font-weight:bold　　C. style:bold　　D. B

10. 下面说法错误的是（　　）。

A. CSS 样式可以将格式和结构分离

B. CSS 样式可以控制页面的布局

C. CSS 样式可以使许多网页同时更新

D. CSS 样式不能制作文件更小、下载更快的网页

三、判断题

1. 在编写 CSS 代码时，为了提高代码的可读性，通常需要加 CSS 注释语句。（　　）

2. 内部样式表是指将 CSS 代码集中写在 HTML 文档的 <head> 头部标记中，并且用 <style> 标记定义。（　　）

3. 内部样式表的样式对网站中的所有 HTML 页面都有效。（　　）

4. 外部样式表是使用频率最高，也是最实用的样式表之一，它将 HTML 代码与 CSS 代码分离为两个或多个文件，实现了结构和表现的完全分离。（　　）

5. 通配符选择器用“*”号表示，能匹配页面中的所有元素。（　　）

6. 在 <head> 中使用 <link> 标记可引用外部样式表文件，一个页面只允许使用一个 <link> 标记引入外部样式表文件。（　　）

7. RGBA 是 CSS3 新增的颜色模式，它是 RGB 颜色模式的延伸，该模式在红、绿、蓝三原色的基础上添加了不透明度参数。（　　）

8. ID 选择器使用“#”进行标识，后面紧跟 ID 名称。（　　）

9. 通配符选择器设置的样式对所有的 HTML 标记都生效，不管标记是否需要该样式，这样反而降低了代码的执行速度。（　　）

项目二 知彼——制作招聘网站

项目描述

随着互联网的快速发展和人才市场的日益繁荣，传统的招聘方式已难以满足企业高效招聘与求职者精准求职的需求。招聘网站平台应运而生，通过招聘网站求职和招聘打破了时间和地点的限制，为用户提供了极大的便利；通过数据库匹配，可以快速为求职者推荐合适的职位，同时也帮助用人单位筛选合适的人才。招聘网站平台的发展也带来了就业的公平性，使得更多的求职者能够接触到不同地区、不同行业的工作机会，不再受到地理位置的限制。

本项目围绕“知彼——制作招聘网站”这一主题，利用盒子模型、元素的浮动与定位、flex等网页布局知识，制作一个简单的招聘网站。帮助学生有效地将所学知识应用于网页设计中，使网页内容更加清晰、易读。同时网站的制作过程，也是一次深刻的教育过程，可帮助学生更好地认识自己，了解行业的最新动态，为未来的职业发展打下初步的基础。

知识图谱

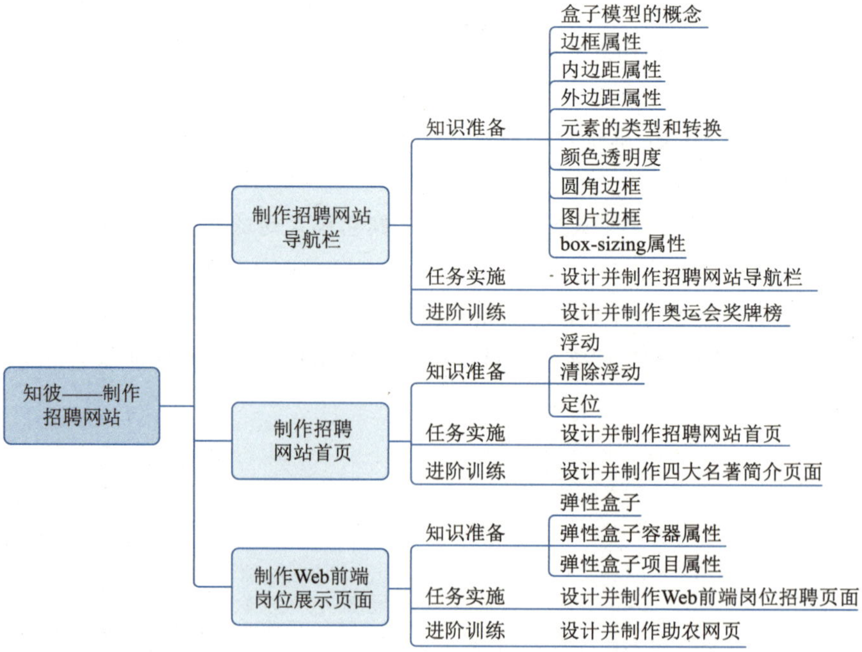

任务一　制作招聘网站导航栏

任务目标

素质目标：

- 培养学生热爱祖国、为国争光的坚定信念。
- 培养学生的友善、尊重与合作精神。

知识目标：

- 理解盒子模型的概念。
- 掌握盒子模型的相关属性。
- 理解元素类型转换的原理。

能力目标：

- 能熟练使用盒子布局网页内容。
- 会使用CSS属性定义盒子的样式。

知识准备

一、盒子模型的概念

视　频

盒子模型介绍

盒子模型就是把HTML页面中的元素看作一个矩形的盒子，也就是一个盛装内容的容器。每个矩形盒子都是由HTML元素的内容（content）、内边距（padding）、边框（border）、外边距（margin）组成。

div（division）标签，经常用来构建页面的结构和布局，因此成为展示盒子模型概念的典型标签，在div标签中可以嵌套段落、标题、表格、图像等各种网页元素，还可以嵌套多层div。

盒子模型的结构如图2-1-1所示。

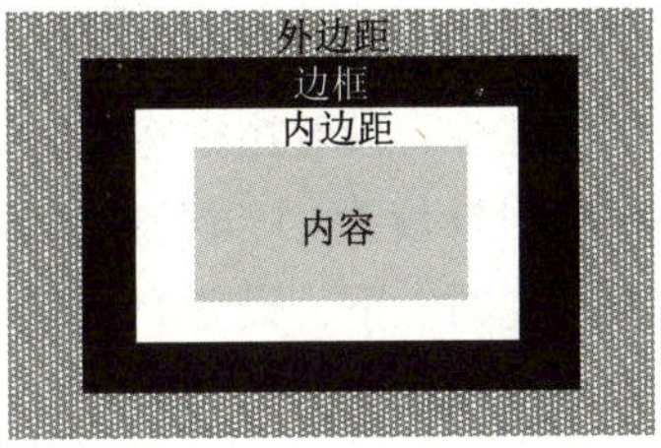

图 2-1-1　盒子模型

盒子模型可以理解为人们日常生活中的一个快递盒子，外边距相当于快递盒与快递盒之间的距离，边框相当于快递盒，内边距相当于快递盒里装的东西与快递盒内部之间的距离（类似于防震填充物，即填充层），而内容则相当于快递盒里面装的东西。

当指定一个元素的宽度和高度属性时，只是设置内容区域的宽度和高度。而完整大小的元素，还必须添加内边距、边框和外边距。

计算公式如下：

盒子的实际宽度=width+padding（左右）+border（左右）+margin（左右）

盒子的实际高度=height+padding（上下）+border（上下）+margin（上下）

下面例子中元素的总宽度为450 px：

```
div {
    width: 300px;
    border: 25px solid green;
    padding: 25px;
    margin: 25px;
}
```

计算过程如下：

300 px（宽）+50 px（左+右内边距）+50 px（左+右边框）+50 px（左+右外边距）=450 px

内边距、边框和外边距这些属性都是可选的，大多数元素的默认值都是0。但是，许多元素是由“用户代理样式表”设置外边距和内边距的，为了多种浏览器解析时外观统一，通常将元素的margin和padding设置为零来覆盖这些浏览器样式，这也是页面初始化时常见的操作。具体代码如下：

```
*{
    margin: 0;
    padding: 0;
}
```

CSS为边框、内边距、外边距、内容这四部分定义了一系列相关属性，通过设置这些属性，可以丰富盒子的表现效果。

视频

盒子模型基本属性

二、边框属性

为了分割页面中不同的盒子，经常需要给元素设置边框效果。该属性有3个方面的设置：样式、宽度和颜色。

1. 边框宽度（border-width）

语法格式：border-width：上边[右边 下边 左边]

其常用取值单位为像素。例如：

```
/* 设置边框宽度10px */
border-width:10px;
```

在综合设置边框宽度时，其属性值可以设置1～4个。当设置4个属性值时，会按照上右下左的顺序顺时针设置4个方位的边框宽度，这也符合CSS普遍的方位规则。设置3个属性值时，对应方位为上、左右、下；设置2个属性值时，对应方位为上下和左右，设置1个属性值时，说明4个方位的边框宽度共用此值。

2. 边框样式（border-style）

语法格式：border-style：上边[右边 下边 左边]

其常用属性值如下：

① none：默认选项，忽略边框宽度。

② solid：设置实线边框。

③ dashed：设置虚线边框。

④ dotted：设置点线边框。

上述语法格式中，同样遵循CSS普遍的方位规则，即按照上右下左的方向排列。例如：

```
/* 设置边框样式是实线 */
border-style: solid;
```

3. 边框颜色（border-color）

语法格式为：border-color: 上边[右边 下边 左边]

颜色取值可为预定义的颜色英文单词（如red、blue）、十六进制颜色值#RRGGBB（如#FF0000或#F00）或RGB模式rgb(r,g,b)（如rgb(0,255,0)），实际工作中最常用的是十六进制颜色值。

上述语法格式中，也遵循CSS普遍的方位规则，即按照上右下左的方向排列。

```
/* 设置边框颜色为十六进制颜色值#369对应的颜色*/
border-color: #369;
```

温馨提示： 设置边框宽度和边框颜色时，必须设置边框样式。如果未设置边框样式或设置为none，则其他的边框属性无效。

4. 综合设置语法

在border属性后设置边框宽度、边框样式、边框颜色3个值，使用空格隔开，这3个值没有顺序。

```
border: solid 10px red;
```

5. 盒子边框单独指定语法

盒子4个方向上的边框可以单独指定样式，见表2-1-1。

表 2-1-1　单独设置边框属性

边　框	样　式
上边框（border-top）	border-top-style：样式
	border-top-width：宽度
	border-top-color：颜色
	border-top：宽度、样式、颜色
下边框（border-bottom）	border-bottom-style：样式
	border-bottom-width：宽度
	border-bottom-color：颜色
	border-bottom：宽度、样式、颜色
左边框（border-left）	border-left-style：样式
	border-left-width：宽度
	border-left-color：颜色
	border-left：宽度、样式、颜色
右边框（border-right）	border-right-style：样式
	border-right-width：宽度
	border-right-color：颜色
	border-right：宽度、样式、颜色

下面通过例2-1-1应用border相关的属性设置不同的边框。

例 2-1-1 设置不同的边框。

```
<!DOCTYPE html>
<html>
    <head>
        <meta charset="utf-8">
        <title>边框的设置</title>
        <style type="text/css">
            body{
                background-color:aliceblue;
            }
            div{
                width:100px;
                height:100px;
                margin:10px;
            }
            .box1{
                border-color: red;
                border-width: 3px;
            }
            .box2{
                border-style:solid;
                border-width:3px;
                border-color:#789;
            }
            .box3{
                border: pink solid 5px;
            }
            .box4{
                border-style:solid dashed;
                border-color:red rgb(0, 255, 0) #0000ff;
                border-width:2px 3px 4px 5px;
            }
            .box5{
                border-top:dotted #369 5px;
                border-left:dashed;
                border-bottom:solid greenyellow;
                border-right:double pink 6px;
            }
            .box6{
                border-left-style:solid;
                border-left-color:orange;
                border-bottom-style:double;
```

```
            }
        </style>
    </head>
    <body>
        <div class="box1">box1</div>
        <div class="box2">box2</div>
        <div class="box3">box3</div>
        <div class="box4">box4</div>
        <div class="box5">box5</div>
        <div class="box6">box6</div>
    </body>
</html>
```

在例2-1-1中，定义了6个盒子，通过边框的综合设置、单独设置，呈现出如图2-1-2所示的效果。

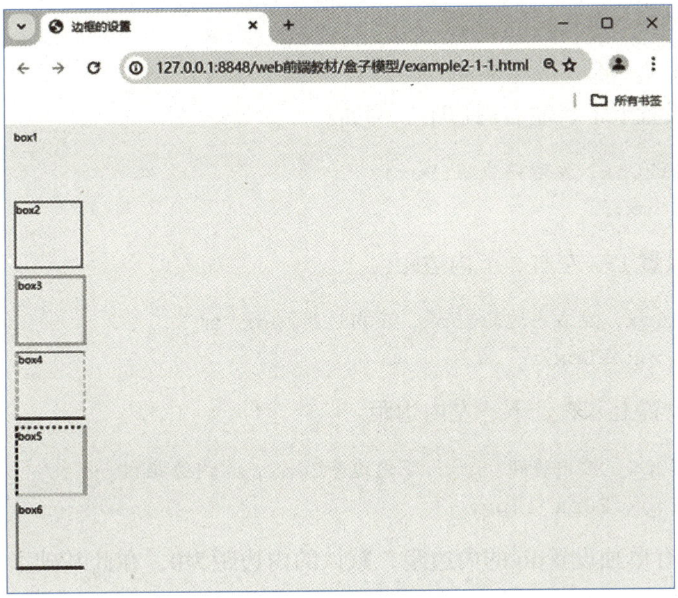

图 2-1-2　边框的设置

例题中先统一设置了盒子的宽度和高度，并且统一设置了外边距。

第一个盒子定义了边框的宽度和颜色，没有定义样式，可以看到没有定义样式的情况下，宽度和颜色都不起作用。

第二个盒子单独设置边框的样式、颜色、宽度。

第三个盒子综合设置边框的样式、宽度、颜色。

第四个盒子单独设置边框的样式、颜色、宽度，4个边的样式、颜色、宽度是通过属性值的个数分别进行设置而呈现不同的效果。

第五个盒子分别设置上下左右4个边框，每个边框又综合设置样式、宽度、颜色。

第六个盒子单独设置每个边框的样式、宽度、颜色。

三、内边距属性

内边距是盒子的边框与内容之间的间隔距离。

1. 内边距属性单独设置语法

① padding-left：设置左内边距。

② padding-top：设置上内边距。

③ padding-right：设置右内边距。

④ padding-bottom：设置下内边距。

2. 内边距复合设置语法

盒子模型内边距可以分别进行设置；也可以通过padding属性进行复合实现。

padding：设置1～4个值，其常用取值单位为像素。

① 设置1个值：设置上下左右内边距。例如：

```
/* 设置上下左右内边距都是20px */
padding: 20px;
```

② 设置2个值：设置上下、左右内边距。例如：

```
/* 设置上下内边距20px，左右内边距15px*/
padding:20px 15px;
```

③ 设置3个值：设置上、左右、下内边距。

```
/* 设置上内边距10px，左右内边距15px，下内边距20px */
padding:10px 15px 20px;
```

④ 设置4个值：设置上、右、下、左内边距。

```
/* 设置上内边距10px，右内边距15px，下内边距20px，左内边距18px */
padding:10px 15px 20px 18px;
```

在例2-1-1中，没有单独设置div的内边距，默认的内边距为0，在此基础上，给盒子3、4、5增加内边距，如例2-1-2所示。

例2-1-2 增加内边距。

```
<!DOCTYPE html>
<html>
    <head>
        <meta charset="utf-8">
        <title>内边距的设置</title>
        <style type="text/css">
            body{
                background-color:aliceblue;
            }
            div{
                width:100px;
```

```
                height:100px;
                margin:10px;
            }
            .box1{
                border-color:red;
                border-width:3px ;
            }
            .box2{
                border-style:solid;
                border-width:3px;
                border-color:#789;
            }
            .box3{
                border:pink solid 5px;
                padding:15px;/*所有边的内边距都是15px*/
            }
            .box4{
                border-style:solid dashed;
                border-color:red rgb(0,255,0) #0000ff;
                border-width:2px 3px 4px 5px;
                padding:20px 15px; /*上下内边距是20px，左右内边距是15px*/
            }
            .box5{
                border-top:dotted #369 5px;
                border-left:dashed;
                border-bottom:solid greenyellow;
                border-right:double pink 6px;
                padding-top:30px;/*上内边距是30px*/
            }
            .box6{
                border-left-style:solid;
                border-left-color:orange;
                border-bottom-style:double;
            }
        </style>
    </head>
    <body>
        <div class="box1">box1</div>
        <div class="box2">box2</div>
        <div class="box3">box3</div>
        <div class="box4">box4</div>
        <div class="box5">box5</div>
        <div class="box6">box6</div>
```

```
    </body>
</html>
```

程序运行结果如图2-1-3所示，可以明显看出，增加了内边距后，盒子中的内容和边框之间增加了距离，并且盒子的宽度和高度也相应变化了。

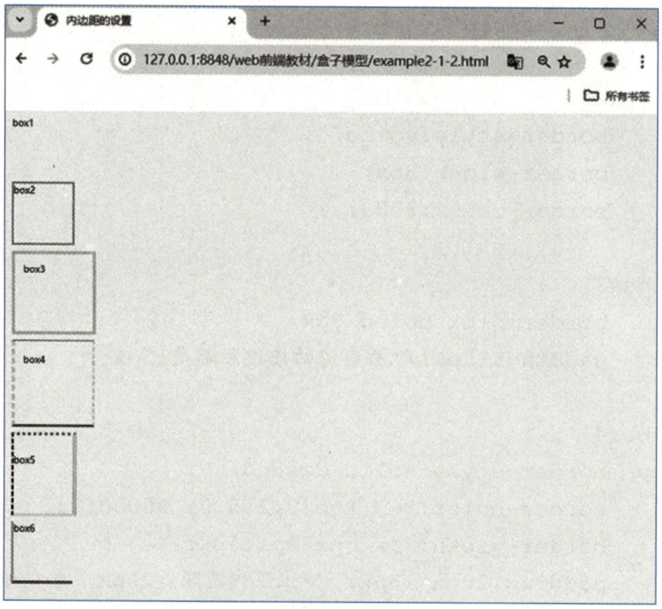

图 2-1-3　内边距的设置

四、外边距属性

盒子模型外边距margin用于控制盒子与盒子之间的距离。

1. 外边距属性单独设置语法

① margin-left：设置左外边距。

② margin-top：设置上外边距。

③ margin-right：设置右外边距。

④ margin-bottom：设置下外边距。

2. 外边距复合设置语法

盒子模型外边距可以分别进行设置；也可以通过margin属性进行复合实现。

margin：设置1～4个值，其常用取值单位为像素。

① 设置1个值：设置上下左右外边距。例如：

```
/* 设置上下左右外边距都是20 px */
margin: 20px;
```

② 设置2个值：设置上下、左右外边距。例如：

```
/* 设置上下外边距20px，左右外边距15px*/
margin:20px 15px;
```

③ 设置3个值：设置上、左右、下外边距。例如：

```
/* 设置上外边距10px，左右外边距15px，下外边距20px*/
margin:10px 15px 20px;
```

④ 设置4个值：设置上、右、下、左外边距。例如：

```
/* 设置上外边距10px，右外边距15px，下外边距20px，左外边距18px*/
margin:10px 15px 20px 18px;
```

如果要将一个盒子模型设置为水平居中样式，需要设置以下两项：

① 盒子模型的宽度（width属性）必须设置。

② 盒子模型的左外边距和右外边距必须设置为auto值。

```
/* 上下外边距0px，水平方向居中 */
width:200px;
margin:0px auto;
```

在例2-1-1、例2-1-2中，统一设置了外边距是10 px。

例2-1-3 设置外边距。

```
<!DOCTYPE html>
<html>
    <head>
        <meta charset="utf-8">
        <title>外边距的设置</title>
        <style type="text/css">
            body{
                background-color:aliceblue;
            }
            div{
                width:100px;
                height:100px;
            }
            .box1{
                border-color:red;
                border-width:3px ;
            }
            .box2{
                border-style:solid;
                border-width:3px;
                border-color:#789;
            }
            .box3{
                border:pink solid 5px;
                padding:15px;            /*所有边的内边距都是15px*/
```

```
                margin-bottom:10px;             /*下外边距是10px*/
            }
            .box4{
                border-style:solid dashed;
                border-color:red rgb(0,255,0) #0000ff;
                border-width:2px 3px 4px 5px;
                padding:20px 15px;              /*上下内边距是20px，左右内边距是15px*/
                margin:20px;                    /*上下左右外边距都是20px*/
            }
            .box5{
                border-top:dotted #369 5px;
                border-left:dashed;
                border-bottom:solid greenyellow;
                border-right:double pink 6px;
                padding-top:30px;                        /*上内边距是30px*/
                margin:10px 15px 18px 20px;              /*上外边距是10px，右外边距是
    15px，下外边距是18px，左外边距是20px*/
            }
            .box6{
                border-left-style:solid;
                border-left-color:orange;
                border-bottom-style:double;
                margin:10px auto;               /*上下外边距是10px，左右水平对齐*/
            }
        </style>
    </head>
    <body>
        <div class="box1">box1</div>
        <div class="box2">box2</div>
        <div class="box3">box3</div>
        <div class="box4">box4</div>
        <div class="box5">box5</div>
        <div class="box6">box6</div>
    </body>
</html>
```

程序运行结果如图2-1-4所示。box2没有设置外边距，box3没有设置上外边距，两个盒子紧挨着，这是因为div默认的外边距是0。

box3的下外边距是10px，box4的上外边距是20px，它们之间的垂直距离为20px（见图2-1-5），并不是10px+20px=30px。这是因为相邻块元素之间的垂直间距不是margin-bottom与margin-top之和，而是两者中的较大者。

box6的左右外边距设置为auto，实现了基于浏览器居中对齐。

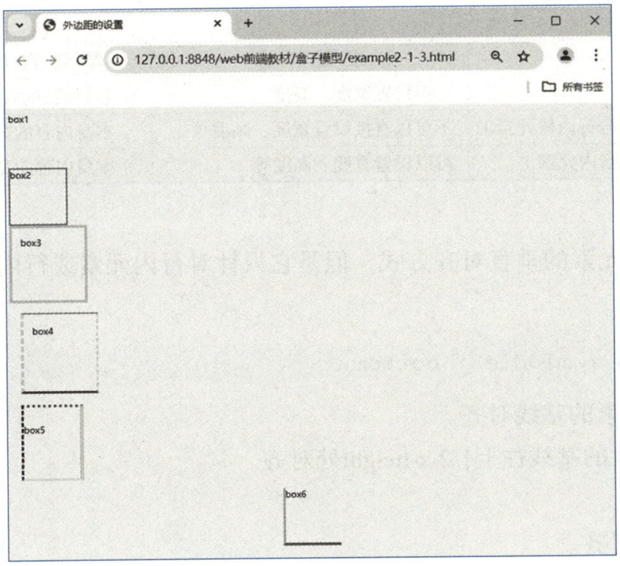

图 2-1-4　外边距的设置

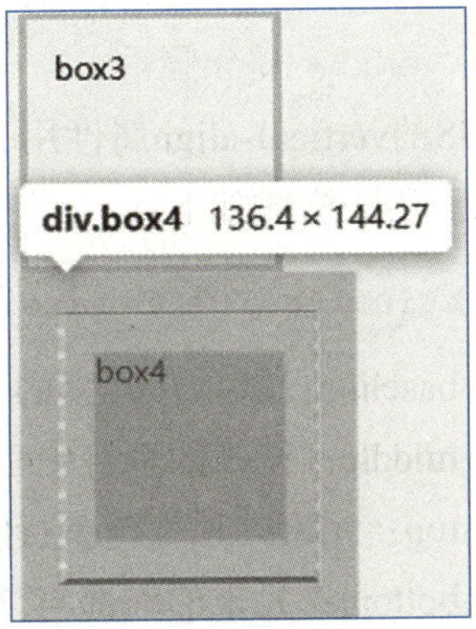

图 2-1-5　相邻元素垂直外边距的合并

五、元素的类型和转换

在使用标签时，会发现有些标签可以设置宽度和高度属性，有些标签则不可以。这是因为标签有着特定的类型，HTML中的标签元素可以分为块元素、行内元素和行内块元素，不同类型的标签元素可以设置的属性也不同。下面详细介绍这3种元素类型。

视　频

元素类型及其转换

1. 块元素

块元素在浏览器显示时，会以新行开始和结束，主要用于页面布局。块元素可以包含其他块元素和行内元素，形成复杂的布局结构。

默认情况下，块元素排列顺序是从上到下；宽度是父元素宽度的100%，高度被内容撑开。块元素可以自定义宽度、高度、内外边距。

常见的块元素有div、ul、ol、li、p、h1～h6等。

div是最常用的块元素，通过与id、class等属性结合设置CSS样式，可以替代大多数块元素。

2. 行内元素

行内元素不会独占一行，默认情况下是按从左到右的顺序排列，一行排满后再起一行。行内元素的宽高是被内容撑开的，不可以自定义宽高。

常见的行内元素有span、strong、a等。

span是最常用的行内元素，其本身不会产生任何效果，通过对文本使用<span>标签，再配上id或class用CSS对文本等内容设计样式，才会产生视觉上的变化。当其他行内标签都不适合时，就可以用<span>标签。

3. 行内块元素

行内块元素兼具块元素和行内元素的特点，不会独占一行，但可以自定义宽度和高度。常见的行内块元素有img、input等。

三种模式的区别见表2-1-2。

表 2-1-2　三种模式的区别

元素模式	元素排列	设置样式	默认宽度
块元素	一行只能放一个块元素	可以设置宽度、高度	容器的 100%
行内元素	一行可以放多个行内元素（可以混合行内块元素）	不可以直接设置宽度、高度等	本身内容的宽度
行内块元素	一行放多个行内块元素（可以混合行内元素）	可以设置宽度、高度等	本身内容的宽度

4. vertical-align属性

CSS的vertical-align属性用于设置一个元素的垂直对齐方式，但是它只针对行内元素或行内块元素有效。语法格式如下：

```
vertical-align : baseline | top | middle | bottom
```

① baseline：默认。元素的基线与父元素的基线对齐。

② middle：元素的垂直中心点与父元素的基线往上1/2 x-height处对齐。

③ top：元素的顶部与整行的顶部对齐。

④ bottom：元素的底部与整行的底部对齐。

通过图2-1-6理解x-height和基线。

图 2-1-6　x-height、基线

5. 元素类型的转换

网页是由多个块元素、行内元素和行内块元素排列而成。如果想要块元素具有行内元素的特性，或行内元素具有块元素的特性，就要用到元素转化。可利用display属性对元素进行转化其属性常用值以及含义如下：

① inline：此元素显示为行内元素。

② block：此元素将显示为块元素。

③ inline-block：此元素将显示为行内块元素，可对其设置宽、高和对齐等属性，但该元素不单独占一行。

④ none：此元素将被隐藏，不显示也不占用页面空间，相当于该元素不存在。

使用display属性可以对元素进行类型转换，使元素以不同的方式显示。接下来通过具体的案例演示display属性的用法和效果。

例 2-1-4　display属性应用。

```
<!DOCTYPE html>
<html>
    <head>
        <meta charset="utf-8">
```

```
        <title>元素类型转换</title>
        <style type="text/css">
            .box{
                text-align:center;
            }
            .title{
                font-size:20px;
                font-weight: bold;
                display:block;
                /*转换为块元素*/
                margin-bottom:10px;
            }
            .box .sub{
                display: inline;
                /*转换为行内元素*/
                font-size:16px;
                font-weight:bold;
                margin:5px;
            }
            .box div{
                margin:20px;
            }
            img{
                width:300px;
                height:200px;
                vertical-align:middle;
            }
            .info{
                display:inline-block;
                /*转换为行内块元素*/
                width:500px;
                height:125px;
                vertical-align: middle;
                text-align:left;
                margin-left:20px;
                font-size:16px;
                line-height: 25px;
            }
        </style>
    </head>
    <body>
        <div class="box">
            <span class="title">中国古代四大发明</span>
```

```
            <div class="sub">造纸术</div>
            <div class="sub">指南针</div>
            <div class="sub">火药</div>
            <div class="sub">印刷术</div>
            <div>
                <img src="img/zaozhishu.png" class="one" />
                <span class="info">
                    造纸术是人类文明史上的一项杰出的发明创造。
                    西汉时期，人们已经懂得了造纸的基本方法。
                    东汉时，蔡伦总结前人经验，改进造纸工艺，用树皮、麻头、破布、旧渔网等植物纤维为原料造纸，纸的质量大大提高。
                    这种纸原料易找，价格便宜，易于推广。此后纸的使用日益普遍，纸逐渐取代简帛，成为人们广泛使用的书写材料。
                </span>
            </div>
            <div>
                <img src="img/zhinanzhen.png" />
                <span class="info">
                    指南针，古代叫司南，主要组成部分是一根装在轴上的磁针，磁针在天然磁场的作用下可以自由转动并保持在磁子午线的切线方向上，磁针的南极指向地理南极（磁场北极），利用这一性能可以辨别方向。常用于航海、大地测量、旅行及军事等方面。
                </span>
            </div>
            <div>
                <img src="img/huoyao.png" />
                <span class="info">
                    火药由中国汉族炼丹家发明于隋唐时期，距今已有一千多年历史。
                    火药，又称为黑火药，由硝酸钾、木炭和硫黄机械混合而成。
                    火药是中国四大发明之一，是在适当的外界能量作用下，自身能进行迅速而有规律的燃烧，同时生成大量高温燃气的物质。
                </span>
            </div>
            <div>
                <img src="img/yinshuashu.png" />
                <span class="info">
                    印刷术是中国古代劳动人民的发明之一。
                    东汉汉灵帝时期发明的拓印是最早的印刷术，唐朝发明的雕版印刷术在唐朝中后期普遍使用，宋仁宗时毕昇发明了活字印刷术，标志着活字印刷术的诞生。
                </span>
            </div>
        </div>
    </body>
</html>
```

在例2-1-4中，将span转换为块元素和行内块元素，将div转换为行内元素，并对<img>和<span>标签设置了垂直对齐，使它们的垂直中心点对齐，效果如图2-1-7所示。

图 2-1-7　元素类型转换

六、颜色透明度

在网页设计中，颜色透明度是一个非常重要的元素，它可以让页面看起来更加现代、生动且富有层次感。设置颜色透明度有以下3种方法：

1. rgba模式

rgba代表红色（red）、绿色（green）、蓝色（blue）和alpha（透明度）。与传统的rgb颜色值相比，rgba增加了一个alpha通道，用于控制颜色的透明度。alpha值的范围是0（完全透明）到1（完全不透明）。例如：

```
background-color: rgba(255, 0, 0, 0.5);          /* 半透明的红色 */
```

2. hlsa模式

hlsa是另一种颜色表示方式，它代表色相（hue）、饱和度（saturation）、亮度（lightness）和alpha（透明度）。例如：

```
background-color: hsla(0, 100%, 50%, 0.5);          /* 半透明的红色 */
```

在这个例子中，hsla用来表示半透明的红色。色相值为0表示红色，饱和度为100%表示颜色最纯，亮度为50%表示中等亮度，透明度为0.5。

3. opacity属性

opacity是CSS中用于设置元素整体透明度的属性，它不仅可以作用于背景，还会影响元素内的所有内容（包括文字、图片等）。语法格式如下：

```
opacity:参数;
```

参数表示不透明度的值，是一个介于0～1之间的浮点数，其中，0表示完全透明，1表示完全不透明，而0.5则表示半透明。

温馨提示： 当设置了一个元素的透明度后，其子元素也会受到影响，并继承父元素的透明度。而且，通过opacity设置的透明度会影响到元素的内容、边框和背景。如果只想改变元素的背景透明度，而保持内容和边框的不透明度不变，则不能使用opacity属性。

视 频

圆角边框设置

七、圆角边框

在 CSS 中，可以使用 border-radius 属性为元素设置圆角边框。语法格式如下：

```
border-radius: 参数1 / 参数2
```

参数的取值单位可以为px或百分比。其中，“参数1”表示圆角的水平半径，“参数2”表示圆角的垂直半径，两个参数之间用“/”隔开。每个参数均可设置1～4个参数值，用于表示4个圆角的半径。具体解释如下：

① 如果参数2省略，表示水平半径和垂直半径相等。

② 如果参数1和参数2分别设置1个参数值，表示4个圆角的水平半径和垂直半径分别相等。

③ 如果参数1和参数2分别设置2个参数值，第一个参数表示左上圆角半径和右下圆角半径，第二个参数表示右上和左下圆角半径。

④ 如果参数1和参数2分别设置3个参数值，第一个参数表示左上圆角半径，第二个参数表示右上和左下圆角半径，第三个参数表示右下圆角半径。

⑤ 如果参数1和参数2分别设置4个参数值，第一个参数表示左上圆角半径，第二个参数表示右上圆角半径，第三个参数表示右下圆角半径，第四个参数表示左下圆角半径。

例 2-1-5 展示各种类型的圆角。

```
<!DOCTYPE html>
<html>
    <head>
        <meta charset="utf-8">
        <title>圆角边框</title>
        <style type="text/css">
        img{margin-right:20px}
        .f1{border-radius:13px;}
        .f2{border-radius:13px/25px;}
        .f3{border-radius:13% 23%/35% 10%;}
        .f4{border-radius:13px 23px 37px/45px 10px 38px;}
        .f5{border-radius:50% 23px 37px 31px/50% 10px 38px 12px;}
        .f6{border-radius:50%}
```

```
        </style>
    </head>
    <body>
        <img src="img/f1.png" width="200px" class="f1">
        <img src="img/f1.png" width="200px" class="f2">
        <img src="img/f1.png" width="200px" class="f3">
        <img src="img/f1.png" width="200px" class="f4">
        <img src="img/f1.png" width="200px" class="f5">
        <img src="img/f1.png" width="200px" class="f6">
    </body>
</html>
```

例2-1-5是给图片添加圆角效果，第一张图片，4个边的水平和垂直半径都相等，是13px；第二张图片，4个边的水平半径相等，是13px，垂直半径相等，是25px；第三张图片，左上和右下水平半径是图片宽度的13%，垂直半径是图片高度的35%，右上和左下水平半径是图片的23%，垂直半径是图片高度的10%；第四张图片，左上水平半径是13px，垂直半径是45px，右上和左下水平半径是23px，垂直半径是10px，右下水平半径是37px，垂直半径是38px；第五张图片，左上水平半径是图片宽度的50%，垂直半径是图片高度的50%，右上水平半径是23px，垂直半径是10px，右下水平半径是37px，垂直半径是38px，左下水平半径是31px，垂直半径是12px；第六张图片，4个边的水平和垂直半径分别是图片长度和宽度的50%，因为图片长度和宽度相等，所以展现为圆形。对应的效果如图2-1-8所示。

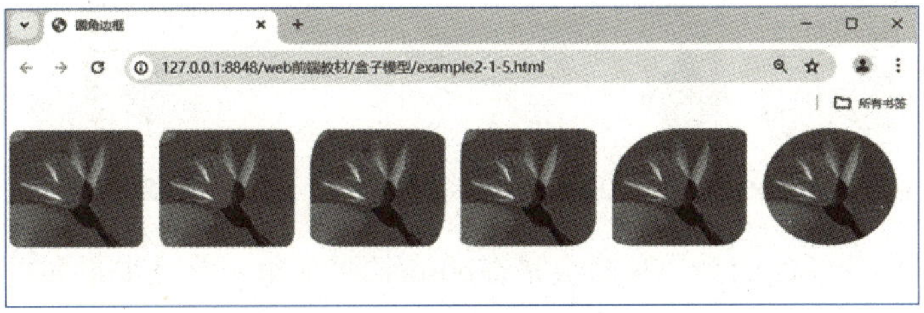

图 2-1-8　各种类型的圆角

八、图片边框

图片边框是CSS3的新特征，可以用图像代替正常的边框。语法格式如下：

视 频

图片边框设置

```
border-image:border-image-source/border-image-repeat/border-image-slice/border-image-width/border-image-outset
```

① border-image-source：指定图片的路径。

② border-image-repeat：1～2个关键字，用于设置图片在水平方向和竖直方向的重复方式。取值有以下4种：

- stretch：默认值，将图片进行拉伸以填充边框的长。
- repeat：沿边框长平铺图片。
- round：沿着边框的长整数次平铺图片（元素可能被自动调整大小以适应该要求）。
- space：沿着边框的长整数次平铺图片（如果图片不能填满元素，则使用空白填充）。

③ border-image-slice：有1～4个参数，代表上右下左4个方位的剪裁，符合CSS普遍的方位规则（与margin、padding等或border-width一致），不加单位时，默认是像素，也支持百分比。例如，border-image-slice :30% 35% 40% 30%可以用图2-1-9表示。

距离图片上部30%、右边35%、底部40%、左边30%的地方各剪裁一下。也就是对图片进行了“四刀切”，形成了9个分离的区域，这就是九宫格。

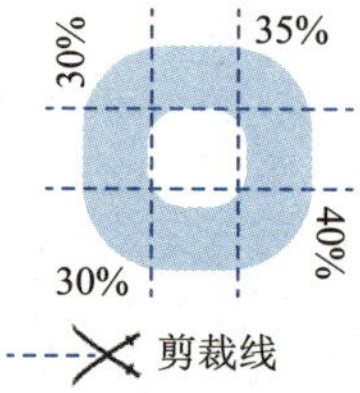

图 2-1-9　图片的裁切

④ border-image-width：指定边框宽度，用来限制相应区域图片的范围，首先相应区域的图片会根据这个属性值进行缩放，然后再重复或平铺或拉伸。

在复合写法中应该位于border-image-slice属性和border-image-repeat属性中间，并和border-image-slice间用“/”间隔。例如：

```
border-image:url(border.png)  27 / 6rem repeat
```

⑤ border-image-outset：指定边框图像超出边框区域的大小。

看下面的例子，图2-1-10所示为（27×3）px×（27×3）px大小的图片，此图作为图片边框，切出了九宫格的模型。那么，这张图片怎么对应地贴在盒子的边框上？以4个边裁剪线都是27px为例，形成如图2-1-11所示的九宫格。

图 2-1-10　（27×3）px×（27×3）px 图片

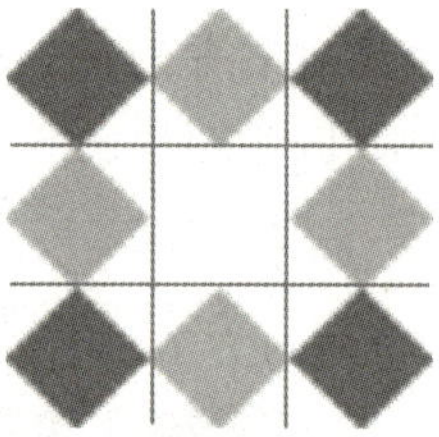
图 2-1-11　九宫格

在border-image中的浅色的四个边角只会呆在border的4个角，并且水平和垂直方向均被缩放来填充border的4个角。

- 水平方向：如果为repeat，则此区域被水平重复（round水平平铺，stretch水平拉伸）来填充对应的border。
- 垂直方向：如果为repeat，则此区域被垂直重复（round垂直平铺，stretch垂直拉伸）来填充对应的border。

例 2-1-6　设置图片边框。

```
<!DOCTYPE html>
<html>
    <head>
        <meta charset="utf-8">
        <title>图片边框</title>
        <style type="text/css">
            .box1,.box2,.box3,.box4{
                width:400px;
                height:220px;
```

```
                margin:20px;
                padding:50px;
                font-size:20px;
                line-height:30px;
                display:inline-block;
            }
            .box1{
                border-image-source:url(img/pu.png);
                border-image-width:20px 30px;
                border-image-repeat:repeat;
                border-image-slice: 27;
            }
            .box2{
                border-image:url(img/pu.png) 27 20% 13 50%/20px round;
            }
            .box3{
                border-image:url(img/pu.png) 27/27px;
            }
            .box4{
                border-image-source:url(img/pu.png);
                border-image-width:27px;
                border-image-repeat:repeat stretch;
                border-image-slice: 27 33;
            }
        </style>
    </head>
    <body>
        <div>
            <div class="box1">
                距离图片上下左右各27px的地方进行裁剪；图片边框宽度上下20px，左右30px，所以上下图形由27缩小到20，左右图形由27扩大到30，进行平铺。
            </div>
            <div class="box2">
                距离图片上27px、右20%、下13px、左50%的地方进行裁剪；图片边框宽度20px，所以图形由27缩小到20，进行平铺。
            </div>
        </div>
        <div>
            <div class="box3">
                距离图片上下左右各27px的地方进行裁剪；图片边框宽度也是27px，所以图形大小不变，进行拉伸。
            </div>
            <div class="box4">
                距离图片上下27px、左右33px的地方进行裁剪；图片边框宽度也是27px，所以图形大小不变、水平方向平铺、垂直方向拉伸。
                </div>
        </div>
```

```
53        </body>
54    </html>
```

上面的例子中定义了4个盒子，每个盒子都加了图片边框。第一个盒子，在距离图片上下左右各27px的地方进行裁剪；图片边框宽度上下20px、左右30px，所以上下图形由27缩小到20，左右图形由27扩大到30，进行平铺。第二个盒子，在距离图片上27px、右20%、下13px、左50%的地方进行裁剪；图片边框宽度20px，所以图形由27缩小到20，进行平铺。第三个盒子，距离图片上下左右各27px的地方进行裁剪；图片边框宽度也是27px，所以图形大小不变，进行拉伸。第四个盒子，距离图片上下27px、左右33px的地方进行裁剪；图片边框宽度也是27px，所以图形大小不变、水平方向平铺、垂直方向拉伸。网页呈现效果如图2-1-12所示。

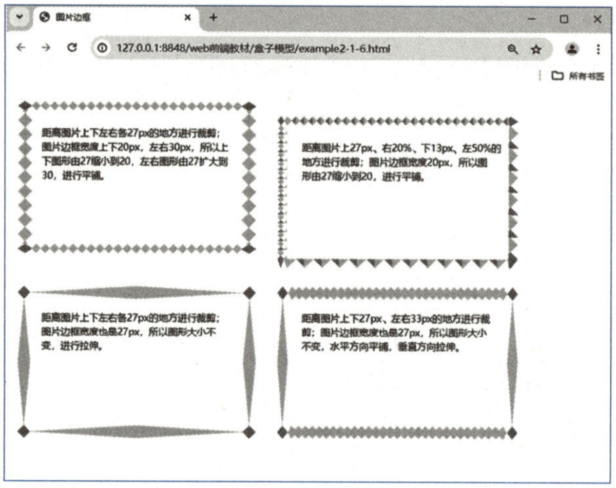

图 2-1-12　图片边框

九、box-sizing属性

在默认的盒子模型中，宽度和高度仅包括内容区域，而边框和内边距会额外增加到元素的宽度和高度，这可能会导致布局计算变得更为复杂。使用box-sizing属性可以使盒子模型更加直观和便于布局。

box-sizing属性有两个主要的取值：

① content-box：CSS的默认盒模型行为。当元素的宽度和高度被设定时，它们仅包括元素的内容区域，不包括边框和内边距。这意味着，如果元素有边框或内边距，它们的尺寸会额外增加，这可能会导致页面布局的重新计算和调整。

② border-box：在这种模式下，元素的宽度和高度包括了内容、边框和内边距。这意味着，当为元素指定一个宽度和高度时，这个值包括了内外边距和边框，使得布局更加直观和易于管理，这在进行网页布局时常用。

任务实施

一、页面效果

本任务以招聘网站中职位分类的纵向导航栏为例拆解其结构，分析其实现思路，通过简化后的案例向读者介绍纵向导航栏的实现方法。最终预览效果图如2-1-13所示。

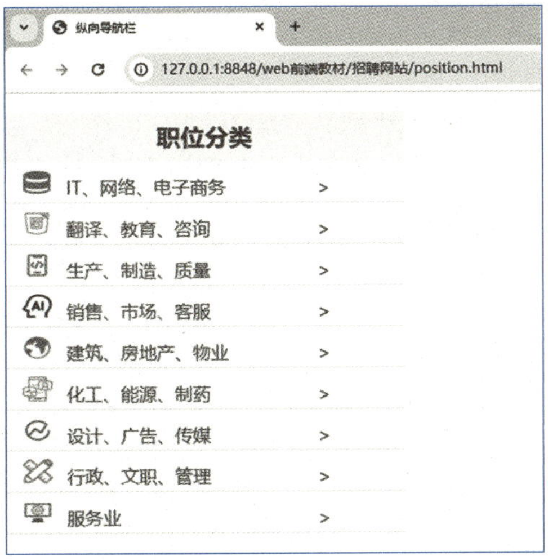

图 2-1-13　纵向导航效果图

视 频

任务实施

二、任务要求

① 按照效果图2-1-13完成招聘网站有关职位分类的纵向导航。

② 导航顶部包含醒目的标题。

③ 每行前面有个性化图标，有下边框，右边有箭头，鼠标悬停时，颜色都加深。

三、实施步骤

① 分析导航网页布局，如图2-1-14所示。

② 新建position.html，将网页标题栏内容设置为“纵向导航”，新建positon.css，对网页进行样式设置，并用<link>标签引入该样式文件。

③ 通过最外层的大盒子（div）对页面进行整体控制，设置宽度和外边距；大盒子包括两部分：标题（h2）和列表（ul）；列表中设置9个li标签作为职位类型，每个li标签中都包括一个超链接（a），每个超链接中包括一个图片（img），两个span标签。

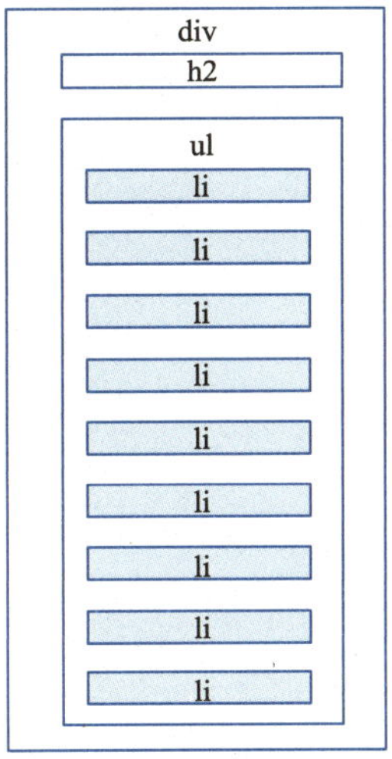

图 2-1-14　纵向导航网页结构图

四、代码实现

positon.html文件的代码如下：

```
<!DOCTYPE html>
<html>
    <head>
        <meta charset="utf-8">
        <title>纵向导航</title>
        <link rel="stylesheet" href="position.css" type="text/css" />
    </head>
    <body>
```

```
        <div class="category">
            <h2>职位分类</h2>
            <ul>
                <li>
                    <a href="#">
                        <img src="img/p1.png" class="ca-img" />
                        <span class="ca-text">IT、网络、电子商务</span>
                        <span class="ca-icon"> >      </span>
                    </a>
                </li>
                <li>
                    <a href="#">
                        <img src="img/p2.png" class="ca-img" />
                        <span class="ca-text">翻译、教育、咨询</span>
                        <span class="ca-icon"> >      </span>
                    </a>
                </li>
                <li>
                    <a href="#">
                        <img src="img/p3.png" class="ca-img" />
                        <span class="ca-text">生产、制造、质量</span>
                        <span class="ca-icon"> >  </span>
                    </a>
                </li>
                <li>
                    <a href="#">
                        <img src="img/p4.png" class="ca-img" />
                        <span class="ca-text">销售、市场、客服</span>
                        <span class="ca-icon"> ></span>
                    </a>
                </li>
                <li>
                    <a href="#">
                        <img src="img/p5.png" class="ca-img" />
                        <span class="ca-text">建筑、房地产、物业</span>
                        <span class="ca-icon"> ></span>
                    </a>
                </li>
                <li>
                    <a href="#">
                        <img src="img/p6.png" class="ca-img" />
                        <span class="ca-text">化工、能源、制药</span>
                        <span class="ca-icon"> ></span>
                    </a>
                </li>
                <li>
```

```
                <a href="#">
                    <img src="img/p7.png" class="ca-img" />
                    <span class="ca-text">设计、广告、传媒</span>
                    <span class="ca-icon">  ></span>
                </a>
            </li>
            <li>
                <a href="#">
                    <img src="img/p8.png" class="ca-img" />
                    <span class="ca-text">行政、文职、管理</span>
                    <span class="ca-icon">  ></span>
                </a>
            </li>
            <li>
                <a href="#">
                    <img src="img/p9.png" class="ca-img" />
                    <span class="ca-text">服务业</span>
                    <span class="ca-icon">  ></span>
                </a>
            </li>
        </ul>
    </div>
</body>
</html>
```

positon.css文件的代码如下：

```
*{
    margin:0;
    padding:0;
}
.category{
    margin-top:20px;                        /*设置盒子的上外边距*/
    width:400px;                            /*设置盒子的宽度*/
}
.category h2{
    color:#55738b;
    font-weight: bold;
    background:#f7fafd;                     /*背景颜色*/
    text-align:center;
    line-height:50px;
}
.category ul li{
    list-style:none;
    padding:8px;                            /*设置li的内边距是8px*/
    font-size:18px;
```

```
20        height:25px;
21        line-height:25px;
22        border-bottom: solid #eee 1px; /*设置li的下边框*/
23        text-indent: 9px;
24        background-color: #fff;
25    }
26    .category a{
27        color:#55738b;                    /*字体的颜色*/
28        text-decoration:none;             /*去掉超链接默认的下画线*/
29        }
30    .category a:hover{
31        color:#0378D8;                    /*鼠标悬停时字体的颜色*/
32    }
33    .category .ca-img{
34        width:30px;
35        height:25px;
36        opacity: 0.5;      /*可以设置透明度来改变图片的透明度，使其看起来变暗了*/
37    }
38    /* 鼠标悬停时图片的样式 */
39    .category a:hover .ca-img{
40      opacity: 1;                         /*鼠标悬停时图片恢复不透明*/
41    }
42    .category .ca-text{
43        display:inline-block;             /*由行内元素，转换为行内块元素*/
44        width:50%
45    }
46    .category .ca-icon{
47        display:inline-block;             /*由行内元素，转换为行内块元素*/
48        width: 20%;
49        height: 20px;
50        font-weight: 400;
51        line-height: 1;
52        text-align: right;
53    }
```

下面分析网页的样式代码：

1～4行，全局重置，设置网页中所有元素的外边距、内边距都为0px。

5～8行，设置了大盒子的宽度和上外边距；9～15行对标题进行了设置。

16～25行，对列表项进行设置，加了下边框。

26～32行，设置正常超链接和鼠标悬停时的样式。

33～41行，通过改变图片的透明度，达到鼠标悬浮时图片颜色的变化。

42～53行，导航中的<span>标签转换为行内块元素，这样可以设置宽高等属性。

进阶训练

视　频

知识拓展

一、知识拓展

1. 阴影

在CSS3中可以使用box-shadow为盒子添加阴影。语法格式如下：

```
box-shadow: X轴偏移量 Y轴偏移量 阴影模糊半径 阴影扩展半径 阴影颜色 投影方式
```

① X轴偏移量：该参数为阴影水平偏移量。当为正值时，阴影在对象的右边，当为负值时，阴影在对象的左边，必选值。

② Y轴偏移量：该参数为阴影垂直偏移量。当为正值时，阴影在对象的底部，当为负值时，阴影在对象的顶部，必选值。

③ 阴影模糊半径：其值只能为正数，如果为0表示阴影不具有模糊效果，值越大，则阴影的边缘就越模糊，可选值。

④ 阴影扩展半径：当为正值时，则整个阴影都延展扩大，当为负值时，则缩小，可选值。

⑤ 阴影颜色：如果不设置任何颜色，浏览器会取默认色，但是各个浏览器的默认色不一样，特别是webkit内核下的Safari和Chrome浏览器的默认色为无色，也就是透明的，可选值。

⑥ 投影方式：默认的投影方式是外阴影，当设置阴影类型为insert时，投影方式就是内投影，可选值。

例2-1-7　给盒子添加阴影。

```
<!DOCTYPE html>
<html>
    <head>
        <title>阴影</title>
        <style>
            div{
                width:200px;
                height: 200px;
                border:solid #FFC0CB;
                margin: 20px;
            }
            .box1
            {
                box-shadow:inset 10px 10px 5px #888;
            }
            .box2{
                border-radius: 50%;
                box-shadow: 3px -1px 4px orange;
        }
        </style>
</head>
    <body>
```

```
            <div class="box1"></div>
            <div class="box2"></div>
        </body>
</html>
```

在例2-1-7中，定义了两个盒子，第一个盒子，添加内阴影，水平位置10px，垂直位置10px，模糊半径5px，阴影颜色为#888；第二个盒子是圆形，添加外阴影，水平位置3px，垂直位置-1px，模糊半径4px，阴影颜色橙色。程序运行结果如图2-1-15所示。

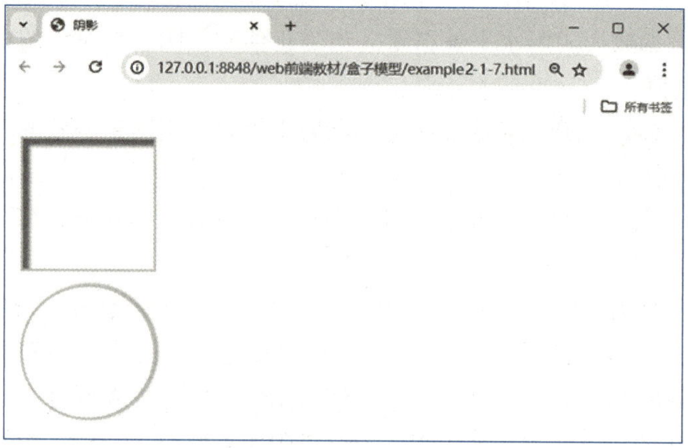

图 2-1-15　阴影

2. 渐变

在CSS3中新增加了渐变属性，主要包括线性渐变、重复线性渐变、径向渐变和重复径向渐变。

（1）线性渐变

在线性渐变过程中，起始颜色会沿着一条直线按顺序过渡到结束颜色。语法格式如下：

```
background-image: linear-gradient(渐变角度, 颜色1起始位置, 边界颜色2起始位置, …, 边界颜色n 起始位置);
```

① 渐变角度：取值范围为0～360deg，这个角度是以圆心为起点的角度，并以这个角度为发散方向进行渐变；也可以通过关键字来确定渐变角度，默认值的取值范围是to left（从右到左）、to rigth（从左到右）、to top（从下到上）、to bottom（从上到下）。0 deg对应to top，90 deg对应to right，180 deg对应to bottom，270 deg对应to left，整个过程是以bottom为起点顺时针旋转，当未设置角度时，会默认为180 deg（to bottom）。

还可以设置对角方向的渐变，例如，to right top（从左下角到右上角）、to bottom left（从右上角到左下角）等，水平方向和垂直方向可以互换位置，如to right top可以写作to top right。

② 颜色值：用于设置渐变颜色，起始位置是沿着渐变线，将会在指定位置（以百分比或长度设定）含有指定颜色的点，是颜色渐变的起始位置，两个颜色值的起始位置之间的区域为颜色过渡区。

例2-1-8　线性渐变的用法和效果演示。

```
<!DOCTYPE html>
```

```
<html>
    <head>
        <meta charset="UTF-8">
        <title>CSS3线性渐变</title>
    </head>
    <style type="text/css">
        div{
            width: 460px;
            height: 160px;
            margin:20px;
        }
        .box1{
            background-image:linear-gradient(red,blue);  /*从上到下由红色渐变成蓝色*/
        }
        .box2{
            background-image:linear-gradient(red 30%,blue);   /*从上到下30%的位置由红色渐变成蓝色*/
        }
        .box3{
            background-image:linear-gradient(30deg,red,blue,yellow);  /*沿着30°方向由红色渐变成蓝色，再渐变成黄色*/
        }
        .box4{
            background-image:linear-gradient(to top left,red,blue);  /*从右下角到左上角由红色渐变成蓝色*/
        }
        .box5{
            background-image:linear-gradient(to right bottom,red,blue);/*从左上角到右下角由红色渐变成蓝色*/
        }
    </style>
    <body>
        <div class="box1"></div>
        <div class="box2"></div>
        <div class="box3"></div>
        <div class="box4"></div>
        <div class="box5"></div>
    </body>
</html>
```

在例2-1-8中，定义了5个盒子，第一个盒子，从上到下由红色渐变成蓝色，第二个盒子，从右到左30%的位置由红色渐变成蓝色，第三个盒子，从下到上沿着30° 方向由红色渐变成蓝色渐变成黄色，第四个盒子，从右下角到左上角由红色渐变成蓝色，第五个盒子，从左上角到右下角由红色渐变成蓝色。程序运行结果如图2-1-16所示。

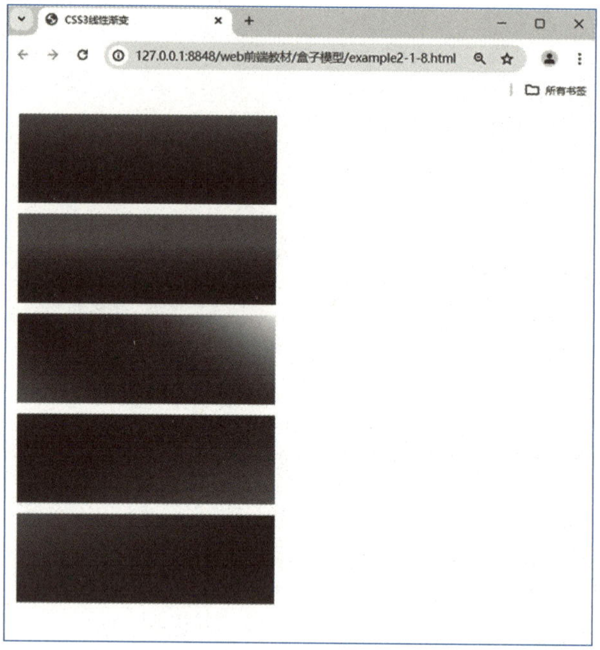

图 2-1-16　线性渐变

（2）重复的线性渐变

repeating-linear-gradient()函数用于创建重复的线性渐变背景图像，工作方式类似于linear-gradient()，但是在达到指定的结束点之后，图像会重复。语法格式如下：

```
background-image: repeating-linear-gradient（渐变角度，颜色1起始位置，颜色2起始位置，…，边界颜色n起始位置）。
```

例 2-1-9　重复线性渐变演示。

```
<!DOCTYPE html>
<html>
    <head>
        <meta charset="utf-8">
        <title></title>
        <style type="text/css">
            div{
                width:1000px;
                height:160px;
                border:solid 1px #369;
                background-image:repeating-linear-gradient(90deg,orange,orange 10 px, white 10 px,white 20 px);
                /*创建一个水平条纹背景，每条橙色和白色的条纹宽度为10px*/
            }
        </style>
    </head>
```

```
    <body>
        <div></div>
    </body>
</html>
```

在例2-1-9中，给div盒子设置了重复的线性渐变，创建了一个条纹背景，为了让每条条纹的宽度保持10px，每10px设置了相同颜色的线性渐变。程序运行结果如图2-1-17所示。

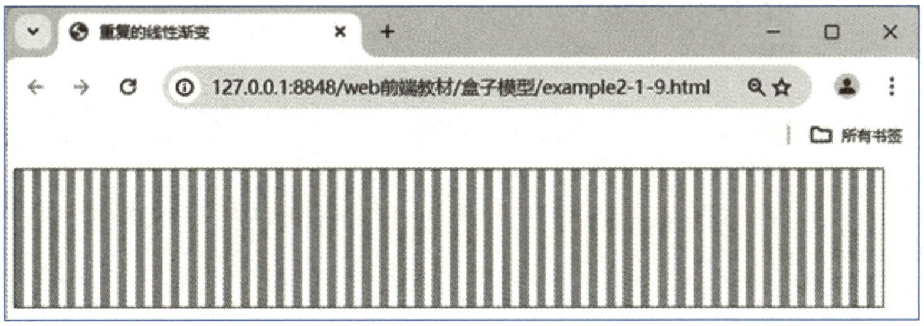

图 2-1-17　重复的线性渐变

（3）径向渐变

径向渐变同样是网页中一种常用的渐变，在径向渐变过程中，起始颜色会从一个中心点开始，按照椭圆或圆形形状进行扩张渐变。语法格式如下：

```
background-image: radial-gradient(形状 大小 圆心位置，颜色值1，颜色值2，…，颜色值n)。
```

上面的语法格式中，radial-gradient用于定义渐变的方式为径向渐变，括号内的参数值用于设置渐变形状、圆心位置和颜色值，对各参数的具体介绍见表2-1-3。

表 2-1-3　单独设置边框属性

参　数	参 数 值	说　明
形状	像素值/百分比	定义形状的水平和垂直半径，例如70px 60px表示一个水平半径为70px，垂直半径为60px的椭圆形
	ellipse	椭圆，默认
	circle	圆形
大小	closest-side	近边，指定径向渐变的半径长度为从圆心到离圆心最近的边
	farthest-side	远边，指定径向渐变的半径长度为从圆心到离圆心最远的边
	closest-corner	近角，指定径向渐变的半径长度为从圆心到离圆心最近的角
	farthest-corner	远角，默认，指定径向渐变的半径长度为从圆心到离圆心最远的角
圆心位置	像素值/百分比	定义圆心的水平和垂直坐标，可以为负值
	关键字	left：设置左边为圆心的横坐标值； right：设置右边为圆心的横坐标值； center：默认值，设置中间为圆心的横坐标值或纵坐标值； top：设置上边为圆心的纵坐标值； bottom：设置下边为圆心的纵坐标值
颜色	颜色值	至少要写两个，同线性渐变类似，颜色值后面也可以书写一个百分比数值，用于设置渐变的位置

例2-1-10　径向渐变演示。

```
<!DOCTYPE html>
```

```
<html>
    <head>
        <meta charset="utf-8">
        <title>径向渐变</title>
        <style>
            div{
                margin: 20px;
                width: 300px;
                height: 150px;
            }
            .box1{
                /*渐变大小为近角*/
                background-image: radial-gradient(circle closest-corner at 30%, red, blue, yellow);
            }
            .box2{
                /*渐变大小为远角*/
                background-image: radial-gradient(circle at 30%, red, blue, yellow);
            }
            .box3{
                /*渐变大小为近边*/
                background-image: radial-gradient(circle closest-side at 30%, red, blue, yellow);
            }
            .box4 {
                /*渐变大小为远边，*/
                background-image: radial-gradient(circle farthest-side at 30%, red, blue, yellow);
            }
        </style>
    </head>
    <body>
        <div class="box1"></div>
        <div class="box2"></div>
        <div class="box3"></div>
        <div class="box4"></div>
    </body>
</html>
```

在例2-1-10中，定义了4个相同大小的盒子，每个盒子都定义了渐变形状为椭圆形，圆心位置位于水平方向30%，垂直方向50%，由红色到蓝色到黄色的径向渐变，不同的是渐变的大小分别是近角、远角、近边、远边。程序运行结果如图2-1-18所示。

repeating-radial-gradient()函数用于创建重复的径向渐变背景图像，工作方式类似于radial-gradient()，但是在达到指定的结束点之后，图像会重复。语法格式如下：

```
background-image: repeating-radial-gradient(形状 大小 圆心位置，颜色值1，颜色值2，…，颜色值n，重复位置)。
```

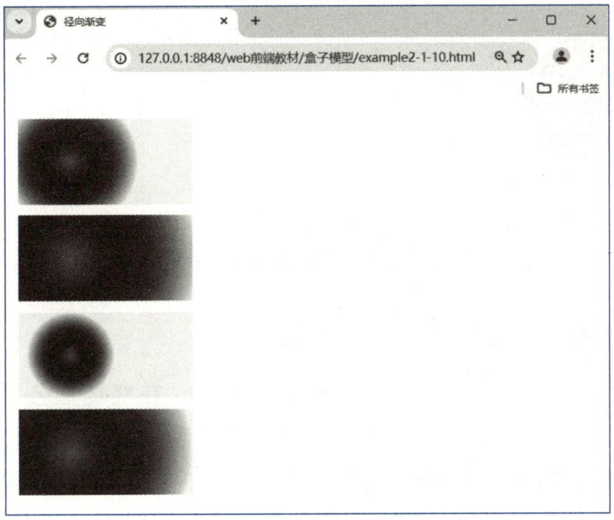

图 2-1-18 径向渐变

其中，repeating-radial-gradient（参数值）用于定义渐变方式为重复径向渐变，括号内的参数取值和径向渐变相同，只是需要手动指定重复位置，才能出现重复的样式。

例 2-1-11 重复径向渐变演示。

```
<!DOCTYPE html>
<html>
    <head>
        <meta charset="utf-8">
            <title>重复的径向渐变</title>
            <style type="text/css">
                div{
                    width: 200px;
                    height: 200px;
                    border-radius:50%;
                    background-image:repeating-radial-gradient(circle,red,black 10%);
                }
            </style>
    </head>
    <body>
        <div></div>
    </body>
</html>
```

在例2-1-11中定义了一个圆形盒子，在盒子中实现了重复的线性渐变，渐变位置在容器中心，从红色渐变到黑色，并在10%的位置重复。程序运行结果如图2-1-19所示。

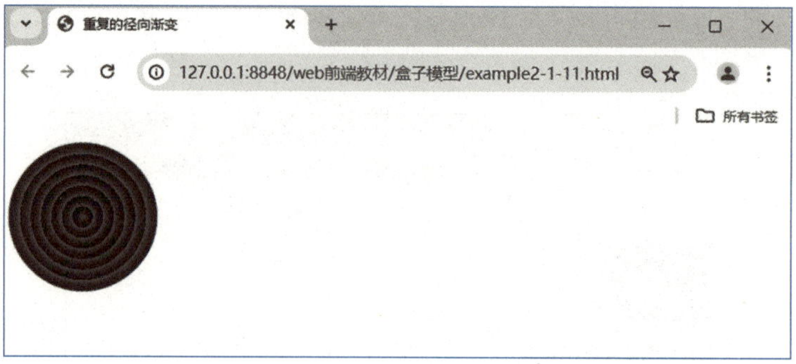

图 2-1-19　重复的径向渐变

二、进阶案例

视 频

任务进阶实现

在2024巴黎奥运会上，来自世界各地的运动员，在赛场上公平竞争，追求“更高、更快、更强、更团结”的目标，他们用实际行动诠释着奥林匹克精神的内涵。下面用所学知识，设计并制作巴黎奥运会奖牌榜，排名规则首先是按照金牌数量进行排列，金牌数量相同的情况下再按照银牌数量进行排列，金银牌数量都相同时再按照铜牌排列，效果如图2-1-20所示。

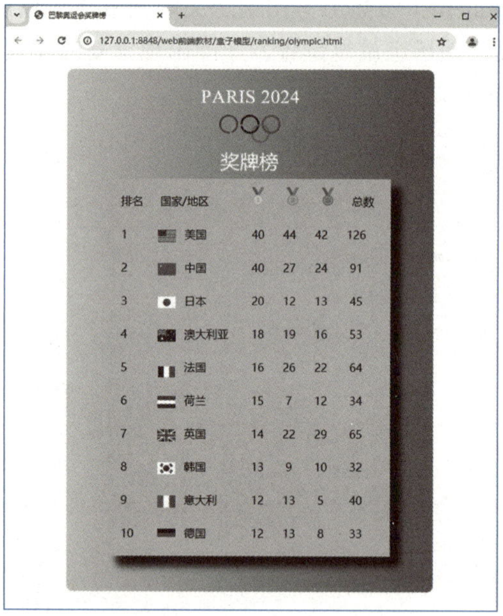

图 2-1-20　2024 巴黎奥运会奖牌榜

课后练习

一、填空题

1. CSS3 中的________属性用于定义盒子的宽度值和高度值是否包含元素的内边距和边框。
2. CSS3 中的________属性可以为元素添加阴影。

3. 使用________属性能够使任何元素呈现出透明效果。
4. 在线性渐变过程中，使用角度设定渐变起点的时候，________对应“to top”。
5. 在线性渐变过程中，各颜色值用________隔开。
6. 用于调整元素内容与边框之间的距离的是________属性。

二、选择题

1. 下列选项中，可以实现圆角效果的属性是（　　）。
   A. border-radius　B. border-image　C. box-shadow　D. background-size
2. 下列选项中，用于设置边框颜色的属性是（　　）。
   A. border-color　B. border-width　C. background-color　D. border-style
3. 下列选项中，用于设置边框样式的属性是（　　）。
   A. border-color　B. border-width　C. background-color　D. border-style
4. 下列选项中，用于设置边框宽度的属性是（　　）。
   A. border-color　B. border-width　C. background-color　D. border-style
5. 下列选项中，能够更改元素左内边距的代码是（　　）。
   A. text-indent　B. padding-left　C. margin-left　D. padding-right
6. border-style 属性值中，可以设置边框为虚线的是（　　）。
   A. none　B. solid　C. dashed　D. double
7. 下列样式代码中，用于定义盒子上边框为 1 像素、蓝色、单实线的是（　　）。
   A. border-top:1px solid blue;　B. border:1px solid blue;
   C. border-top:1px dashed blue;　D. border:1px dashed blue;
8. 关于样式代码“.box{width:200px; padding:15px; margin:20px;}”的描述，下列说法正确的是（　　）。
   A. box 的总宽度为 200px　B. box 的总宽度为 270px
   C. box 的总宽度为 235px　D. 以上说法均错误
9. 下列样式代码中，可以将块元素转换为行内元素的是（　　）。
   A. display: none;　B. display:block;
   C. display:inline-block;　D. display:inline;
10. 下列样式代码中，可以将 <span> 标记转换为块元素的是（　　）。
   A. display:none;　B. display:block;
   C. display:inline-block;　D. display:inline;

三、判断题

1. 宽度属性 width 和高度属性 height 对块元素无效。（　　）
2. 在 HTML 中，盒子模型的总高度等于 height+padding+margin 的尺寸总和。（　　）
3. 外边距指的是相邻元素之间的距离。（　　）
4. <div> 中可以嵌套多层 <div>。（　　）
5. 在 CSS 中，每个元素都必须定义内边距、边框、外边距、宽和高这些属性。（　　）
6. 在 CSS 中 border 属性是一个复合属性。（　　）

任务二 制作招聘网站首页

任务目标

素质目标：

- 培养学生耐心、细致、精益求精的工匠精神。
- 培养欣赏美、感受美的能力。

知识目标：

- 理解元素的浮动与定位属性。
- 掌握浮动、清除浮动和定位的综合运用。

能力目标：

- 通过浮动和定位对网页进行合理的布局。
- 能开发简单的网站首页。

视 频

浮动介绍

知识准备

HTML5默认的排版方式是依据标准文档流进行的，在标准文档流中，块元素按照从上向下顺序排列，行内元素按照从左到右顺序排列，碰到父元素边缘则自动换行。如果需要打破标准文档流的排版方式，可以使用浮动或者定位等CSS属性。

一、浮　动

浮动是指设置了浮动属性的标签会脱离标准文档流的控制，移动到父元素的左侧或右侧，直到碰到父容器的边缘或者另一个浮动元素。

语法格式如下：

```
float:属性值;
```

其中，float常用的属性有3个，具体见表2-2-1。

表 2-2-1　float 的常用属性值

属 性 值	描　述
left	元素向左浮动
right	元素向右浮动
none	默认值，元素不浮动，将按照正常布局进行渲染

例 2-2-1　加浮动之后的网页布局。

```
<!DOCTYPE html>
<html>
    <head>
        <meta charset="utf-8">
        <title>元素的浮动</title>
```

```
        <style type="text/css">
            .father{
                width:300px;
                border: solid 1px red;
            }
            .box1{
                width: 100px;
                height: 100px;
                background-color: pink;
            }
            .box2{
                width: 200px;
                height: 200px;
                background-color: #369;
            }
        </style>
    </head>
    <body>
        <div class="father">
            <div class="box1">box1</div>
            <div class="box2">box2</div>
        </div>
    </body>
</html>
```

在例2-2-1中，有2个盒子box1、box2，按照标准文档流排版。程序运行结果如图2-2-1所示。

在例2-2-1的基础上，设置box1左浮动，具体CSS代码如下：

```
.box1{
    float:left;
}
```

box1脱离了标准文档流，不占空间，浮在左端，直到碰到它的父元素即它的上一级div停止，box2就像box1不存在一样，保持块元素的性质。预览效果如图2-2-2所示。

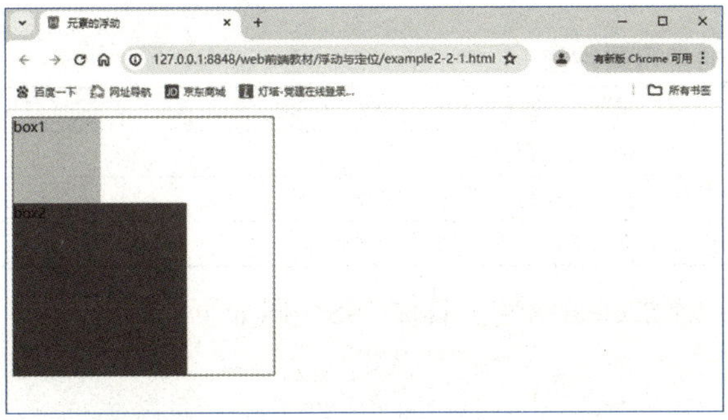

图 2-2-1　标准文档流

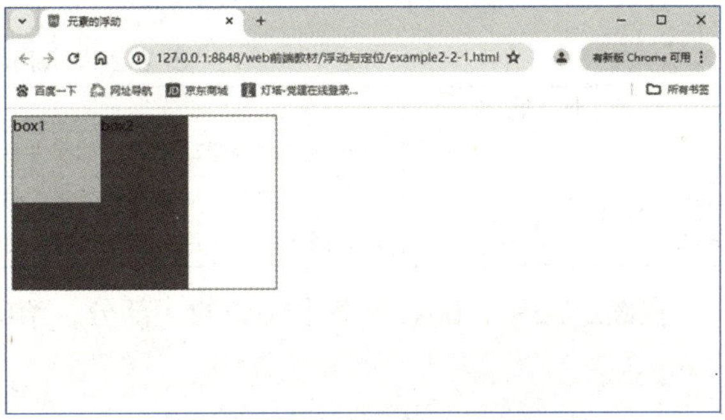

图 2-2-2　box1 设置左浮动

在例2-2-1的基础上，设置box1和box2都左浮动，具体CSS代码如下：

```
.box1,.box2{
    float:left;
}
```

box1和box2都脱离了标准文档流，box1浮在左端，直到碰到它的父元素也就是它的上一级div，box2浮在左端，直到碰到box1这个浮动元素的边框为止。预览效果如图2-2-3所示。

图 2-2-3　box1、box2 同时设置左浮动

二、清除浮动

在网页设计中，浮动元素可能会引起以下问题：

① 父元素高度不够：如果父元素没有设置高度，其高度就由其子元素撑开；如果子元素使用浮动，脱离了标准的文档流，父元素就不能正确显示。

② 影响页面布局：当浮动元素与其他元素交错时，可能会出现混乱的布局，如图2-2-2所示，box2的一部分被box1覆盖。

为了解决上面的问题，一是可以给父元素设置合适的高度，二是可以使用清除浮动的方法来清除浮动元素造成的影响，使得元素可以按照正确的顺序排列。

要清除浮动，可以使用clear属性。语法格式如下：

```
clear: 属性值;
```

clear常用的属性值有3个，见表2-2-2。

表 2-2-2　clear 的常用属性值

属性值	描述
left	不允许左侧有浮动元素，如果左侧有浮动元素，会换行到下一行显示
right	不允许右侧有浮动元素，如果右侧有浮动元素，会换行到下一行显示
both	左右两侧都不允许有浮动元素，如果存在浮动元素，会换行到下一行显示

在图2-2-2中，box1覆盖了box2的一部分，给box2添加clear属性。具体CSS代码如下：

```
.box2{
    clear: left;/*清除左浮动的影响*/
}
```

刷新页面，box2会独占一行，不受box1的影响，效果参见图2-2-1。

需要注意的是，clear属性只能清除元素左右两侧浮动的影响，并不能清除浮动子元素对父元素产生的影响，这就需要通过其他方法清除浮动。

1. 使用空标签清除浮动

在浮动标签之后添加空标签，并对标签应用clear:both样式，可清除标签浮动所产生的影响，这个空标签可以是<div>、<p>等任何标签，接下来在图2-2-3的基础上演示使用空标签清除浮动的方法。

例2-2-2　使用空标签清除浮动。

```
1   <!DOCTYPE html>
2   <html>
3       <head>
4           <meta charset="utf-8">
5           <title>清除浮动</title>
6           <style type="text/css">
7               .father{
8                   width:300px;
9                   border: solid 1px red;
10              }
11              .box1 {
12                  width: 100px;
13                  height: 100px;
14                  background-color: pink;
15              }
16              .box2 {
17                  width: 200px;
18                  height: 200px;
19                  background-color: #369;
20              }
21              .box1,.box2{
22                  float: left;
23              }
24              .box3{
25                  clear: both;
26              }
27          </style>
28      </head>
29      <body>
30          <div class="father">
31              <div class="box1">box1</div>
32              <div class="box2">box2</div>
33              <div class="box3"></div>
34          </div>
35      </body>
36  </html>
```

在本例中，第33行添加了空标签box3，该标签无实际内容，在网页中不显示。第24～26行将空标签box3的样式设为clear:both，清除box1、box2的左浮动影响。程序运行结果如图2-2-4所示。

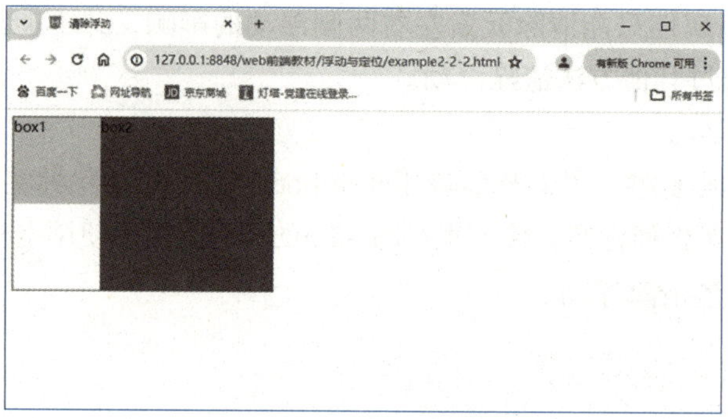

图 2-2-4　清除浮动

在图2-2-4中，父标签又被空标签撑开，也就是子标签的浮动对父标签的影响已经不存在。需要注意的是，上述方法虽然可以清除浮动，但是增加了毫无意义的结构标签，因此在实际工作中不建议使用。

2. 对父元素添加overflow属性

对父元素添加overflow:hidden属性，可以清除子元素的浮动对父元素的影响，还弥补了空标签清除浮动的不足，在图2-2-3的基础上使用对父元素添加overflow属性清除浮动，代码如下。

```
.father{
    width:300px;
    border:solid 1px red;
    overflow:hidden;
}
```

3. 对父元素使用after伪对象

在CSS中代码如下：

```
.clearfix:after {
    content:'';
    display:block;
    clear:both;
}
```

在HTML中使用方法如下：

```
<div class="clearfix">
    <!--浮动元素-->
</div>
```

视 频

定位的使用

三、定　　位

CSS定位可以将HTML元素放置在页面上指定的任意地方。本节主要介绍4种定位的方式：静态定位、绝对定位、固定定位、相对定位。

1. 元素的定位模式与边偏移

元素的位置是由定位模式和边偏移两个属性确定的，其规则为：定位=定位模式+边偏移。

（1）定位模式

定位模式用于对元素进行定位，它通过CSS的position属性来设置，其常用的值有4个，具体见表2-2-3。

表 2-2-3 position 属性的常用值

值	描　述
static	默认值。没有定位，元素出现在正常的流中（忽略 top、bottom、left、right 或者 z-index 声明）
relative	相对定位，相对于其原始位置进行定位
absolute	绝对定位，相对于最近的已经定位的第一个父元素进行定位。元素的位置通过 left、top、right 及 bottom 属性进行设置
fixed	固定定位，相对于浏览器窗口左上角原点进行定位。元素的位置通过 left、top、right 及 bottom 属性进行设置

（2）边偏移

对元素进行定位后，可以使用边偏移属性top、bottom、left或right，精确定义元素的位置，对它们的具体解释见表2-2-4。

表 2-2-4 边偏移设置方式

属　性	说　明
top	顶部偏移量，定位元素相对于父元素上边线距离
bottom	底部偏移量，定位元素相对于父元素下边线距离
left	左偏移量，定位元素相对于父元素左边线距离
right	右偏移量，定位元素相对于父元素右边线距离

2. 静态定位

静态定位是元素的默认定位方式，当position属性的取值为static时，可以将元素定位于静态位置。所谓静态位置就是各个元素在HTML文档流中默认的位置。任何元素在默认状态下都会以静态定位来确定自己的位置，所以当没有定义position属性时，并不说明该元素没有自己的位置，它会遵循默认值显示为静态位置。在静态定位状态下，无法通过边偏移属性（top、bottom、left或right）来改变元素的位置。

3. 相对定位

相对定位是将元素相对于它在标准文档流中的原始位置进行定位。如图2-2-5所示，3个盒子定位前按照标准文档流排列，对中间的盒子执行相对定位：

```
position:relative;
left:150px;
top:100px;
```

那么中间的盒子移动至距离它之前位置的上边线100px，左边线150px位置处，并且其在文档流中的位置仍然保留着，定位前后的效果如图2-2-5所示。

4. 绝对定位

绝对定位是将元素依据最近的已经定位（绝对、固定或相对定位）的父元素进行定位，若所有父元素都没有定位，则依据body根元素（浏览器窗口）进行定位。常用方式：父元素使用相对定位，子元素使用绝对定位并偏移。

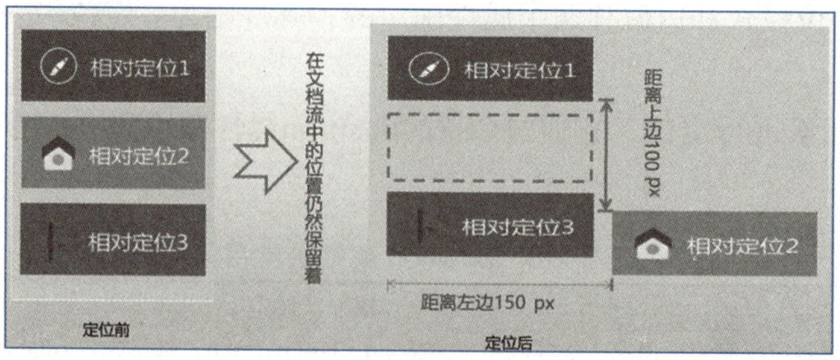

图 2-2-5　相对定位

如图2-2-6所示，3个盒子没有定位前按照标准文档流排列，将中间的盒子设置为绝对定位：

```
position:absolute;
left:150px;
top:100px;
```

那么中间的盒子会依据浏览器窗口进行定位（此时盒子没有父级元素），移至距离浏览器上边线100px，左边线150px位置处，并且其在标准文档流中的位置没有被保存，第三个盒子移至第二个盒子的位置，定位前后的效果如图2-2-6所示。

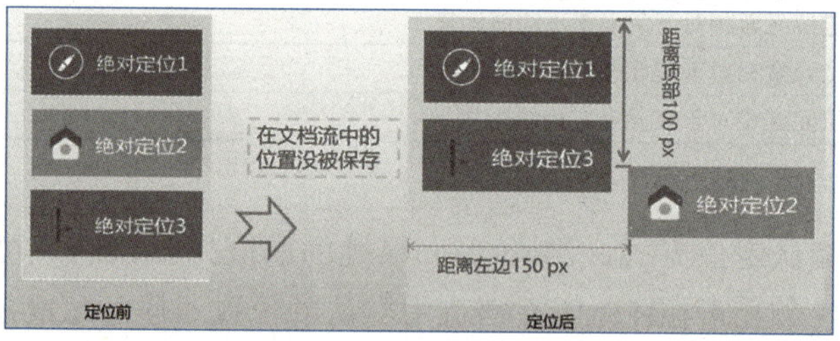

图 2-2-6　绝对定位

5. 固定定位

固定定位是绝对定位的一种特殊形式，它以浏览器窗口作为参照物来定义网页元素。当position属性的取值为fixed时，即可将元素的定位模式设置为固定定位。

当标签设置固定定位后，该标签将脱离标准文档流的控制，始终依据浏览器窗口来定义自己的显示位置。不管浏览器滚动条如何滚动，也不管浏览器窗口的大小如何变化，该标签都会始终显示在浏览器窗口的固定位置。下面通过具体案例演示各种定位。

例2-2-3　元素未加定位属性。

```
<!DOCTYPE html>
<html>
    <head>
        <meta charset="utf-8">
        <title>定位</title>
        <style type="text/css">
            .father{
```

```
                width:500px;
                height:500px;
                background-color:#aaa;
                margin:20px auto;
                position: relative;
            }
            .father div{
                width:100px;
                height:100px;
                background-color:red;
                margin:20px;
            }
        </style>
    </head>
    <body>
        <div class="father">
            <div class="box1">相对定位</div>
            <div class="box2">绝对定位</div>
            <div class="box3">固定定位</div>
        </div>
    </body>
</html>
```

程序运行结果如图2-2-7所示。

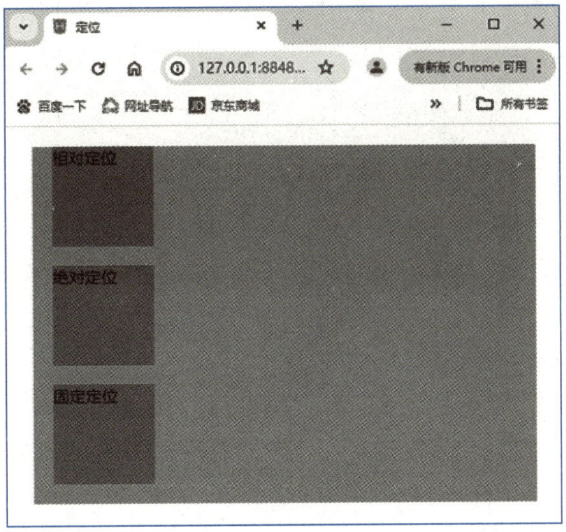

图 2-2-7　正常文档流

给box1、box2、box3分别添加相对定位、绝对定位、固定定位属性。CSS代码如下：

```
.box1{
    position:relative;
    top:120px;
```

```
    left:180px;
}
.box2{
    position:absolute;
    top:40px;
    left:40px;
}
.box3{
    position:fixed;
    bottom:10px;
    right:10px;
}
```

对box1设置了相对定位模式，通过边偏移属性top和left改变box1的位置，相对于box1自身的位置进行了偏移，距离自身上边线120px，左边线180px；对box2设置了绝对定位，并对box2的父元素设置了相对定位，并不对其设置偏移量，这样父元素既不会失去其空间，同时还保证子元素依据父元素准确定位，此例中，距离父元素上边线和左边线都是40px；对box3设置了固定定位，相对于浏览器窗口进行定位，距离浏览器底边10px，右边10px，不管浏览器的窗口大小如何变化，box3始终会显示在浏览器窗口的固定位置。最终效果如图2-2-8所示。

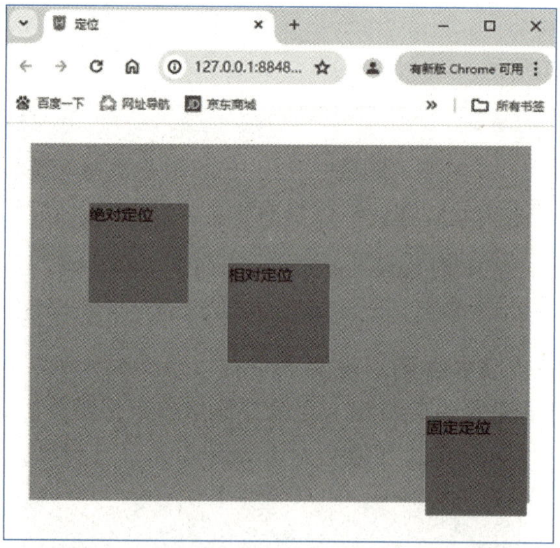

图 2-2-8　定位效果

视 频

任务实施

任务实施

一、页面效果

本任务以招聘网站首页为例，通过运用浮动和定位属性对网页进行布局，最终效果如图2-2-9所示。

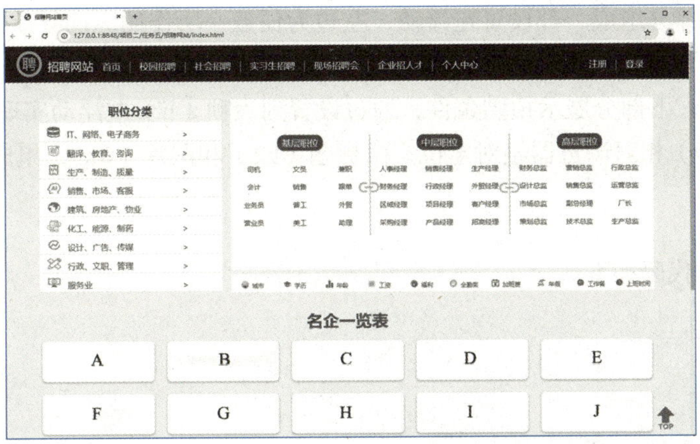

图 2-2-9 职位展示模块

二、任务要求

① 按照效果图2-2-9完成招聘网站的首页。

② 运用浮动和定位的属性，对网页进行布局，使其显示美观、合理。

③ 左侧职位分类，可以通过<object>标签嵌入任务一中的导航栏，避免代码的冗余。

三、实施步骤

① 分析导航网页布局，如图2-2-10所示。

② 新建index.html，将网页标题栏内容设置为“招聘网站首页”，新建index.css，对网页进行样式设置，并用<link>标签引入该样式文件。

③ 网页分由3个盒子（div）组成，布局为上中下。

上面的盒子为网页导航，主要由img和ul组成，对ul中的列表项（li）分别设置左、右浮动，达到横向导航的效果。

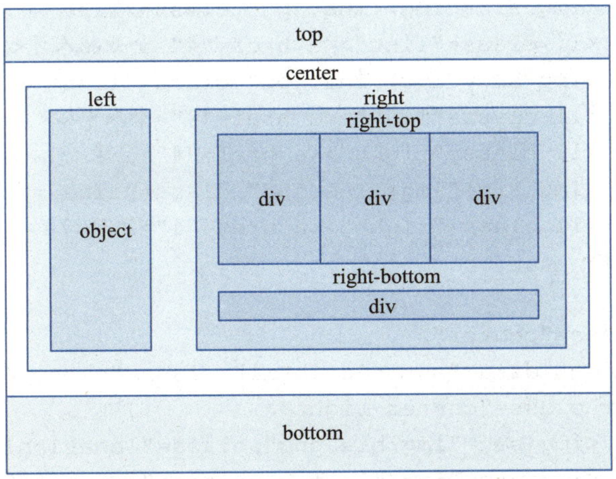

图 2-2-10 招聘网站首页网页结构图

中间的盒子由两部分组成，都设置左浮动，左边为任务一所作的纵向导航，通过<object>标签嵌入，右边又分为上下两个盒子（div），上部分展示具体职位，由3个盒子（div）组成，3个盒子都设置左浮动，平分宽度，下部分展示招聘条件，通过设置列表项（li）左浮动实现效果。

下面的盒子（div）相对浏览器绝对定位，由标题（h2）和图片（img）组成。

四、代码实现

index.html文件的代码如下：

```
<!DOCTYPE html>
<html>
    <head>
        <meta charset="utf-8">
        <title>招聘网站首页</title>
        <link rel="stylesheet" href="index.css" type="text/css" />
    </head>
    <body>
        <div class="head">
            <img src="img/pin.png" class="icon" />
            <span class="title">招聘网站</span>
            <ul class="clearfix">
                <li class="list"><a href="#">首页</a></li>
                <img src="img/line.jpg" class="line" />
                <li class="list"><a href="#">校园招聘</a></li>
                <img src="img/line.jpg" class="line" />
                <li class="list"><a href="#">社会招聘</a></li>
                <img src="img/line.jpg" class="line" />
                <li class="list"><a href="#">实习生招聘</a></li>
                <img src="img/line.jpg" class="line" />
                <li class="list"><a href="#">现场招聘会</a></li>
                <img src="img/line.jpg" class="line" />
                <li class="list"><a href="#">企业招人才</a></li>
                <img src="img/line.jpg" class="line" />
                <li class="list"><a href="#">个人中心</a></li>
                <li class="right"><a href="#">登录</a></li>
                <img src="img/line.jpg" class="line right" />
                <li class="right"><a href="#">注册</a></li>
            </ul>
        </div>
        <div class="center">
            <object data="position.html" class="center-left"></object>
            <div class="center-right">
                <img src="img/bie.png" class="location1" />
                <img src="img/bie.png" class="location2" />
                <div class="center-right-top">
                    <div class="p1">
```

```
                <div class="title">基层职位</div>
                <ul class="clearfix">
                    <li><a href="#">司机</a></li>
                    <li><a href="#">文员</a></li>
                    <li><a href="#">兼职</a></li>
                    <li><a href="#">会计</a></li>
                    <li><a href="#">销售</a></li>
                    <li><a href="#">跟单</a></li>
                    <li><a href="#">业务员</a></li>
                    <li><a href="#">普工</a></li>
                    <li><a href="#">外贸</a></li>
                    <li><a href="#">营业员</a></li>
                    <li><a href="#">美工</a></li>
                    <li><a href="#">助理</a></li>
                </ul>
            </div>
            <div class="p2">
                <div class="title">中层职位</div>
                <ul>
                    <li><a href="#">人事经理</a></li>
                    <li><a href="#">销售经理</a></li>
                    <li><a href="#">生产经理</a></li>
                    <li><a href="#">财务经理</a></li>
                    <li><a href="#">行政经理</a></li>
                    <li><a href="#">外贸经理</a></li>
                    <li><a href="#">区域经理</a></li>
                    <li><a href="#">项目经理</a></li>
                    <li><a href="#">客户经理</a></li>
                    <li><a href="#">采购经理</a></li>
                    <li><a href="#">产品经理</a></li>
                    <li><a href="#">招商经理</a></li>
                </ul>
            </div>
            <div class="p3">
                <div class="title">高层职位</div>
                <ul>
                    <li><a href="#">财务总监</a></li>
                    <li><a href="#">营销总监</a></li>
                    <li><a href="#">行政总监</a></li>
                    <li><a href="#">设计总监</a></li>
                    <li><a href="#">销售总监</a></li>
                    <li><a href="#">运营总监</a></li>
                    <li><a href="#">市场总监</a></li>
                    <li><a href="#">副总经理</a></li>
                    <li><a href="#">厂长</a></li>
                    <li><a href="#">策划总监</a></li>
```

```
                    <li><a href="#">技术总监</a></li>
                    <li><a href="#">生产总监</a></li>
                </ul>
            </div>
        </div>
        <div class="center-right-bottom">
            <ul class="clearfix">
                <li>
                    <a href="#"><img src="img/city.png"><span>城市</span></a>
                </li>
                <li>
                    <a href="#"><img src="img/edu.png"><span>学历</span></a>
                </li>
                <li>
                    <a href="#"><img src="img/age.png"><span>年龄</span></a>
                </li>
                <li>
                    <a href="#"><img src="img/salary.png"><span>工资</span></a>
                </li>
                <li>
                    <a href="#"><img src="img/wel.png"><span>福利</span></a>
                </li>
                <li>
                    <a href="#"><img src="img/full.png"><span>全勤奖</span></a>
                </li>
                <li>
                    <a href="#"><img src="img/over.png"><span>加班费</span></a>
                </li>
                <li>
                    <a href="#"><img src="img/year.png"><span>年假</span></a>
                </li>
                <li>
                    <a href="#"><img src="img/food.png"><span>工作餐</span></a>
                </li>
                <li>
                    <a href="#"><img src="img/time.png"><span>上班时间</span></a>
                </li>
            </ul>
        </div>
    </div>
</div>
</div>
<div class="tail">
    <h2>名企一览表</h2>
    <img src="img/famous.png" width=100% />
```

```
            </div>
            <a href="#"><img src="img/top.png" class="fix" /></a>
        </body>
    </html>
```

index.css文件的代码如下：

```
* {
    margin:0;
    padding:0;
    list-style:none;
    text-decoration:none;
    box-sizing:border-box;          /*设计所有元素的宽高度，包括边框和内外边距*/
}
body{
    background-color:#f2f6fc;
}
/* 清除子元素浮动对父元素的影响 */
.clearfix:after{
    content:'';
    display:block;
    clear:both;
}
.head{
    width:100%;
    background:#32373e;
}
.head.icon{
    float:left;
    width:90px;
    padding:10px 0px 5px 30px;
}
.head.title{
    float:left;
    display:block;
    margin:10px 0 0 10px;
    font:25px/70px "microsoft yahei";
    color:#ffffff;
}
.head ul{
    width:1350px;
    margin:auto;
}
.head li{
    float:left;
```

```
    margin:0 20px;
}
.head a{
    display:block;
    height:62px;
    font:20px/90px "microsoft yahei";
    color:#ffffff;
}
.head.line{
    float:left;
    display:block;
    margin-top:35px;
}
.head .right{
    float:right;
}
.center{
    width:1350px;
    margin:20px auto;
}
.center-left{
    float:left;
    width:420px;
    height:450px;
}
.center-right{
    float:left;
    width:930px;
    margin:20px auto;
    position:relative;
}
.center-right.location1{
    position:absolute;
    top:175px;
    left:30%;
    width:50px;
    opacity:0.5;
}
.center-right.location2{
    position:absolute;
    top:178px;
    left:63.2%;
    width:50px;
    opacity:0.5;
```

```
}
.center-right-top{
    padding-top:80px;
    background-color: #fff;
    height:380px;
}
.center-right-top>div{
    width:33%;
    float:left;
    text-align:center;
}
.center-right-top.p1,.center-right-top.p2{
    border-right:solid 1px #b3b3b3;
}
.center-right-top.title{
    display:inline-block;
    line-height:35px;
    padding:0px 10px;
    font-size:20px;
    border-radius:15px;
    background-color:#0378D8;
    color:#fff;
    margin-bottom:30px;
}
.center-right-top li{
    float:left;
    width:33%;
    height:40px;
}
.center-right-top a{
    color:#666;
    font-size:15px;
}
.center-right-bottom{
    margin-top:10px;
    background-color:#fff;
}
.center-right-bottom ul{
    text-align:center;
}
.center-right-bottom li{
    font-size:13px;
    padding:13px 4px;
    float:left;
    width:10%;
```

```
128     line-height:25px;
129     height:40px;
130 }
131 .center-right-bottom img{
132     width:16px;
133     margin-right:8px;
134 }
135 .center-right-bottom a{
136     color:#666;
137 }
138 .tail{
139     margin:20px auto;
140     width:1350px;
141 }
142 .tail h2{
143     font-size:36px;
144     text-align:center;
145     color:#e31924;
146     margin:20px auto;
147 }
148 /* 统一设计鼠标悬停时，超链接的样式*/
149 a:hover{
150     color:#0378D8;
151 }
152 .fix{
153     width:50px;
154     position:fixed;
155     right:30px;
156     bottom:25px;
157 }
```

下面分析网页的样式代码：

1～7行，全局样式，设置网页中所有元素的外边距、内边距都为0px，所有列表项前无标志，所有超链接没有下画线，所有盒子的宽度、高度都包括内外边距和边框。

8～10行，设置body的背景颜色。

11～16行，统一清除子元素浮动对父元素的影响。

17～54行，对网页的上部分设置样式，上部分的img、san和ul都设置左浮动，ul中的前7个列表项左浮动，后2个列表项右浮动，列表项之间加竖线（img）分隔开，为了达到浮动的效果，所有的行内元素转变为块元素。

55～137行，对网页的中间部分设置样式，中间分为左右两部分，都设置左浮动；右部分分为上下两部分，右上部分由3个div组成，每个div平分宽度，并设置左浮动。其中70～83行，对右上部分的2个图片（img）绝对定位，放在3个div两两中间，形成连接两个div的效果；右下部分是一个列表（ul），对每个列表项设置左浮动，达到一行显示的效果。

138～147行，对网页的下部分设置样式。

149～151行，统一对鼠标悬停时，设置超链接样式。

152～157行，对网页底端的图片超链接设置固定定位。

进阶训练

视　频

知识拓展

一、知识拓展

1. overflow属性

overflow为CSS中设置当对象的内容超过其指定高度及宽度时如何管理内容的属性。其语法格式如下：

```
overflow:属性值;
```

overflow常用的属性值有4个，具体见表2-2-5。

表 2-2-5　overflow 的常用属性值

值	描　述
visible	默认值，内容不会被修剪，会呈现在元素框之外
hidden	内容会被修剪，并且其余内容是不可见的
scroll	内容会被修剪，但是浏览器会显示滚动条以便查看其余的内容
auto	如果内容被修剪，则浏览器会显示滚动条以便查看其余的内容

例2-2-4　演示overflow的4个属性。

```
<!DOCTYPE html>
<html>
    <head>
        <meta charset="utf-8">
        <title>overflow属性</title>
        <style>
            div{
                background-color:#ddd;
                width:300px;
                height:180px;
                border:1px dotted #333;
                font-size:16px;
                margin:50px;
                float:left;
            }
            .box1{ overflow:visible;}
            .box2{ overflow:hidden;}
            .box3{ overflow:scroll;}
            .box4{ overflow:auto;}
            .box5{ overflow:scroll;}
            .box6{ overflow:auto;}
```

```
        </style>
    </head>
    <body>
        <div class="box1">
            奥林匹克运动会分为夏季奥林匹克运动会、夏季残疾人奥林匹克运动会、冬季奥林匹克运动会、冬季残疾人奥林匹克运动会、夏季青年奥林匹克运动会、冬季青年奥林匹克运动会、世界夏季特殊奥林匹克运动会、世界冬季特殊奥林匹克运动会、夏季聋人奥林匹克运动会、冬季聋人奥林匹克运动会十个奥林匹克运动会。奥运会中，各个国家和地区用运动交流各国文化，以及切磋体育技能，其目的是鼓励人们不断进行体育运动。
        </div>
        <div class="box2">
            奥林匹克运动会分为夏季奥林匹克运动会、夏季残疾人奥林匹克运动会、冬季奥林匹克运动会、冬季残疾人奥林匹克运动会、夏季青年奥林匹克运动会、冬季青年奥林匹克运动会、世界夏季特殊奥林匹克运动会、世界冬季特殊奥林匹克运动会、夏季聋人奥林匹克运动会、冬季聋人奥林匹克运动会十个奥林匹克运动会。奥运会中，各个国家和地区用运动交流各国文化，以及切磋体育技能，其目的是鼓励人们不断进行体育运动。
        </div>
        <div class="box3">
            奥林匹克运动会分为夏季奥林匹克运动会、夏季残疾人奥林匹克运动会、冬季奥林匹克运动会、冬季残疾人奥林匹克运动会、夏季青年奥林匹克运动会、冬季青年奥林匹克运动会、世界夏季特殊奥林匹克运动会、世界冬季特殊奥林匹克运动会、夏季聋人奥林匹克运动会、冬季聋人奥林匹克运动会十个奥林匹克运动会。奥运会中，各个国家和地区用运动交流各国文化，以及切磋体育技能，其目的是鼓励人们不断进行体育运动。
        </div>
        <div class="box4">
            奥林匹克运动会分为夏季奥林匹克运动会、夏季残疾人奥林匹克运动会、冬季奥林匹克运动会、冬季残疾人奥林匹克运动会、夏季青年奥林匹克运动会、冬季青年奥林匹克运动会、世界夏季特殊奥林匹克运动会、世界冬季特殊奥林匹克运动会、夏季聋人奥林匹克运动会、冬季聋人奥林匹克运动会十个奥林匹克运动会。奥运会中，各个国家和地区用运动交流各国文化，以及切磋体育技能，其目的是鼓励人们不断进行体育运动。
        </div>
        <div class="box5">奥运会</div>
        <div class="box6">奥运会</div>
    </body>
</html>
```

在例2-2-4中，定义了6个盒子，每个盒子都是宽300px，高180px，前4个盒子的内容都是一段文字，文字内容超出了盒子的范围，第1个盒子overflow属性为visible，所以内容不会被修剪，超出内容呈现在第1个盒子之外；第2个盒子overflow属性为hidden，内容会被修剪，超出内容是不可见的；第3个盒子overflow属性为scroll，会显示滚动条查看超出的内容；第4个盒子overflow属性为auto，会显示滚动条查看超出的内容；可以看到当内容超出时，scroll和auto显示是一样的，当内容没有超出盒子范围时，scroll也会显示滚动条，但是auto不会显示，如第5、6个盒子，这就是scroll和auto的区别。最终显示效果如图2-2-11所示。

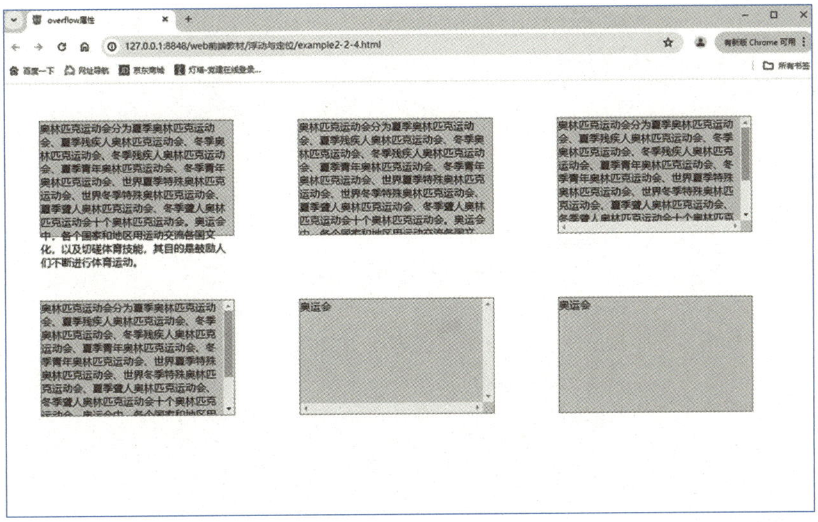

图 2-2-11　overflow 属性

2. z-index属性

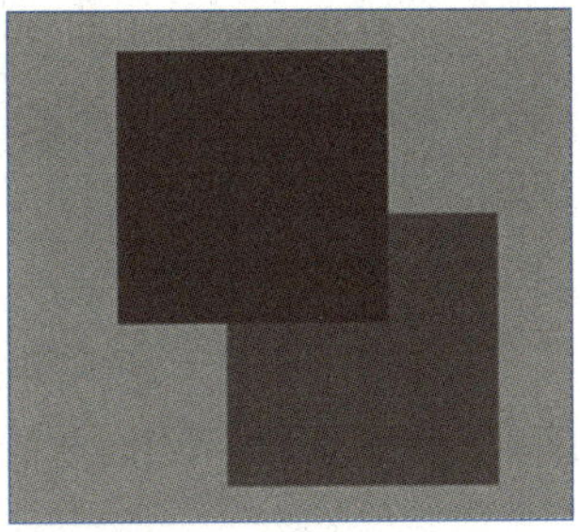

图 2-2-12　定位标签发生重叠

当对多个标签同时设置定位时，定位标签有可能会发生重叠，如图2-2-12所示。

在CSS中，要想调整重叠定位标签的堆叠顺序，可以对定位标签应用z-index属性。z-index属性值可为正整数、负整数和0，默认状态下z-index属性值是0，并且z-index属性值取值越大，设置该属性的定位标签在层叠标签中居上，在同一层叠上下文中，当元素层叠顺序相同（z-index一致）时，后面的元素会覆盖前面的元素。需要注意的是，z-index只对定位元素（如position: relative、position: absolute、position: fixed）有效。

例 2-2-5　演示z-index的叠放效果。

```
<!DOCTYPE html>
<html>
    <head>
        <meta charset="utf-8">
        <title><z-index属性/title>
        <style type="text/css">
                .box1{
                    width:300px;
                    height:300px;
                    background: rgb(115,230,114);
                    position:absolute;
                }
                .box2{
                    width:300px;
                    height:300px;
                    background:rgb(19,112,122);
```

```
                    position:absolute;
                    left:100px;
                    top:100px;
                    z-index:999;
                }
                .box3{
                    width:300px;
                    height:300px;
                    background:rgb(11,121,23);
                    position:absolute;
                    left:200px;
                    top:200px;
                }
            </style>
    </head>
    <body>
        <div class="box1">注意，只要定位的盒子才可以使用该方法</div>
        <div class="box2">当使用z-index时，数字越大，越优先显示在上面</div>
        <div class="box3">正常情况，按照顺序，最后的盒子在最上面，默认z-index为0</div>
    </body>
</html>
```

在例2-2-5中，对中间的盒子box2设置z-index: 999；box1和box3没有设置z-index，就按照默认值0，所以重叠部分，box2在最上面，box3在中间，box1在最下面。最终显示如图2-2-13所示。

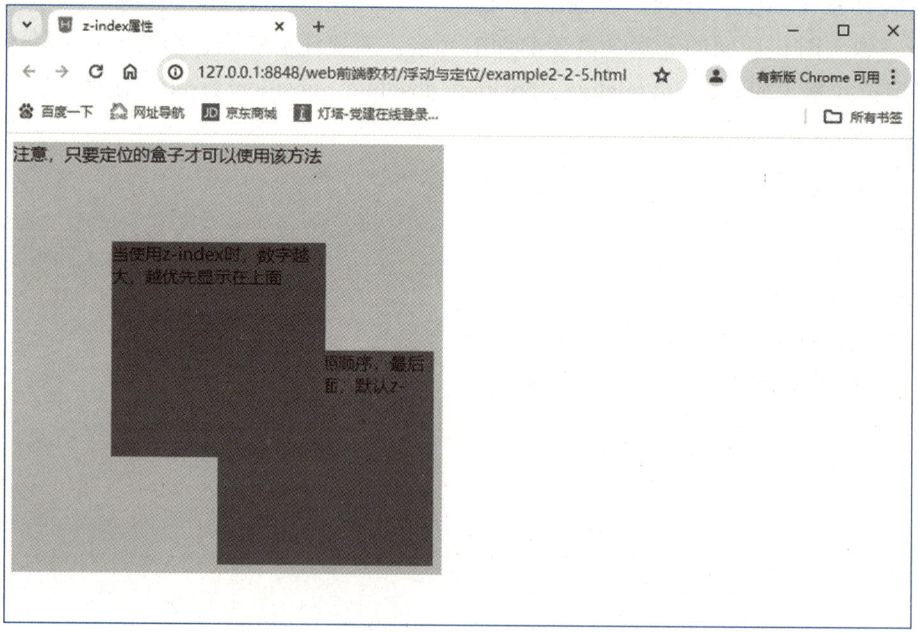

图 2-2-13　z-index 属性

视 频

进阶案例

二、进阶案例

中国古代文化博大精深、源远流长，其中四大名著更是璀璨的明珠，分别是《红楼梦》《西游记》《水浒传》《三国演义》。这四部作品不仅在文学艺术上有着卓越的成就，而且在中国乃至世界文学史上占据重要的地位。下面运用所学知识，设计并制作四大名著简介页面，效果如图2-2-14所示。

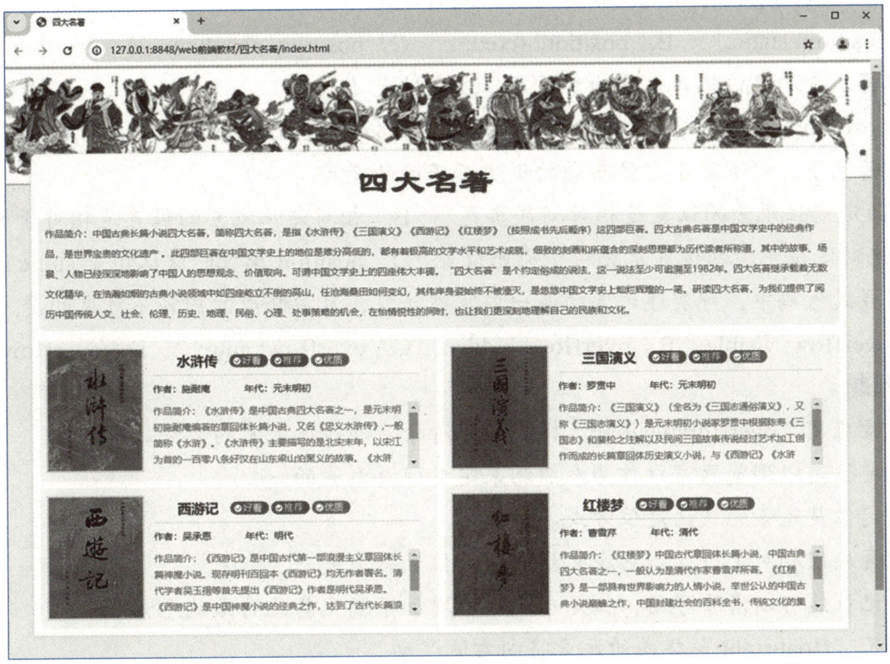

图 2-2-14 四大名著简介

课后练习

一、填空题

1. 在 CSS 中，________属性用于定义元素的定位模式。

2. 在 CSS 中，overflow 属性的常用值有四个，其中默认的属性值是________。

3. 定位模式 (position) 仅用于定义元素以哪种方式定位，并不能确定元素的具有位置。通过________属性来精确定义定位元素的位置。

4. 定位是元素根据________的不同来进行位置的设置。

5. 想调整重叠定位元素的堆叠顺序，可以对定位元素应用________属性。

二、选择题

1. 在 CSS 中，“clear:both;”的作用是（　　）。

A. 清除该元素的所有样式

B. 清除该元素的父元素的所有样式

C. 清除该元素的左右元素浮动之后带来的影响

D. 清除该元素的父元素浮动之后带来的影响

2. 下面有关浮动的说法中，不正确的是（　　）。
   A. 浮动和定位都是使得元素脱离文档流来实现布局的
   B. 如果想要实现多列布局，最好的方式是使用定位布局
   C. 浮动控制不好的话，会造成页面布局混乱
   D. clear 属性只能清除元素左右两侧浮动的影响，并不能清除浮动子元素对父元素产生的影响
3. 下列样式代码中，可以实现绝对定位模式的是（　　）。
   A. position: static;　B. position: fixed;　C. position: absolute;　D. position: relative;
4. 可以将元素的定位模式设置为相对定位方式的是（　　）。
   A. position: static;　B. position: relative;　C. position: absolute;　D. position: fixed;
5. 默认情况下，以下关于定位布局的说法不正确的是（　　）。
   A. 固定定位元素的位置是相对浏览器　B. 相对定位元素的位置是相对于原始位置
   C. 绝对定位元素的位置是相对于原始位置　D. position 属性的默认值是 static
6. 下列样式代码中，可实现元素的溢出内容被修剪，且被修剪的内容不可见的是（　　）。
   A. overflow: visible;　B. overflow: hidden;　C. overflow: auto;　D. overflow: scroll;

三、判断题

1. 对元素应用"overflow:visible;"样式，可清除浮动对该元素的影响。（　　）
2. 固定定位是以浏览器窗口作为参照物来定义网页元素的。（　　）
3. 静态定位是元素的默认定位方式。（　　）
4. 对元素应用相对定位后，它在文档流中的位置将消失。（　　）
5. 空标记虽然可以清除浮动，但是在无形中增加了毫无意义的结构元素。（　　）
6. 应用了"float:right;"样式的元素将向右侧浮动。（　　）
7. 浮动元素不会对页面中其他元素的排版产生影响。（　　）
8. 对于父子嵌套的元素，子元素的浮动绝不会对父元素产生影响。（　　）

任务三　制作 Web 前端岗位展示页面

任务目标

素质目标：

- 培养学生的创新意识。
- 培养学生的正确自我认知。
- 培养学生的职业素养。

知识目标：

- 了解弹性盒子的特点与优势。
- 掌握弹性盒子布局。

能力目标：

- 能够使用弹性盒子进行网页的整体布局。

知识准备

一、弹性盒子

视　频

弹性盒子介绍

在前面的学习中，了解到传统的页面布局大部分是基于盒子模型展开，依赖display、float、position等属性。传统布局方式对于有特殊要求的布局非常不方便，如垂直居中。而且，传统布局方式代码冗长、出错率高，要时刻注意清除浮动或者在进行绝对定位时给父元素添加相对定位模式，否则就容易造成页面混乱。弹性盒布局的使用不仅可以避免上述问题的出现，而且此种布局方式是一种响应式布局方式，可以针对不同的终端显示出合理的页面，实现一次开发，多处适用。

弹性盒布局即Flex布局，可以为盒子模型提供最大的灵活性与便捷性。任何一个容器都可以指定为Flex布局，形成弹性盒子。弹性盒子由两部分组成：容器和项目，结构关系如图2-3-1所示。

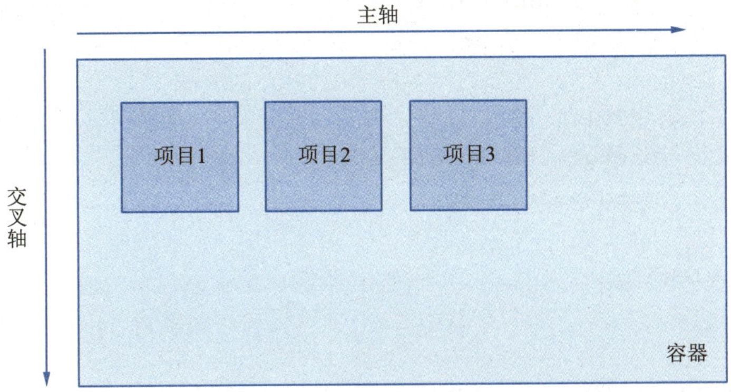

图 2-3-1　Flex 弹性盒结构

容器指的是被设定为弹性盒子的父级元素，项目指的是位于容器中的子级元素。容器和项目的概念是相对的，一个Flex布局中的项目元素也可以设定为容器，其内部子元素即为项目。默认情况下，项目的排列方式是水平方向，此时水平方向即为主轴，垂直方向为交叉轴，反之，水平方向为交叉轴，垂直方向为主轴。

二、弹性盒子容器属性

弹性盒子提供了一些常用的属性。要使用弹性盒子，首先需要使用display属性指定外部父级元素的类型为弹性盒子容器，然后可以使用flex-direction、flex-wrap等一系列属性对项目进行控制。弹性盒子的容器属性见表2-3-1。

表 2-3-1　弹性盒子容器属性

属　性	说　明
display	取值flex，设置当前盒子为弹性盒子
flex-direction	设置容器中项目的排列方向
flex-wrap	设置容器为单行还是多行
justify-content	设置容器中项目在主轴上的对齐方式
align-item	设置容器中项目在交叉轴上的对齐方式
align-content	设置多根轴线的对齐方式

1. display属性

在使用弹性盒子布局前，设置display属性取值为Flex，表示指定某一元素为弹性盒布局的容器，下面演示其具体使用方式。

例2-3-1 使用display属性。

```
1  <!DOCTYPE html>
2  <html>
3      <head>
4          <meta charset="utf-8">
5          <title>display属性设置Flex弹性盒布局</title>
6          <style>
7              .box{
8                  display:flex;
9                  background-color:blue;
10                 height:100px;
11             }
12             .box div{
13                 background-color:red;
14                 margin-left:5px;
15             }
16         </style>
17     </head>
18     <body>
19         <div class="box">
20             <div class="box_1">项目1</div>
21             <div class="box_2">项目2</div>
22             <div class="box_3">项目3</div>
23         </div>
24     </body>
25 </html>
```

在上述代码中，第8行给父容器div.box设置了display:flex属性，用于指定父元素div.box为弹性盒子容器，3个子元素即为项目。页面效果如图2-3-2所示。

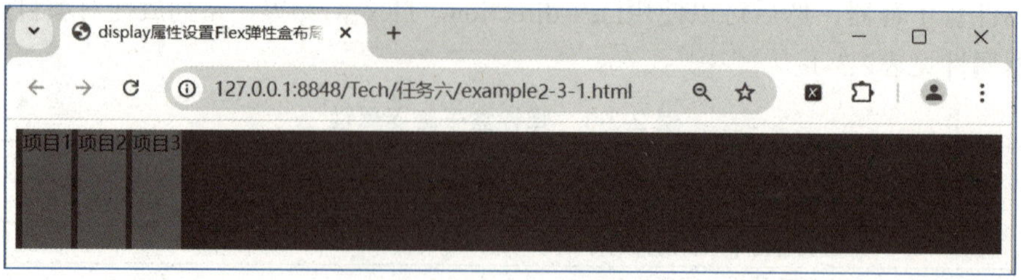

图 2-3-2　flex 布局示例

从图2-3-2可以看出，当父元素使用flex弹性盒布局后，子元素就会按内容的实际宽度来显示，且子元素的高度会自动占满父元素的可用高度。

2. flex-direction属性

flex-direction属性决定主轴的方向（即项目的排列方向）。属性取值见表2-3-2。

表 2-3-2 flex-direction 属性的取值说明

属 性 值	说 明
row	默认值，水平方向是主轴，项目由左向右依次排列
row-reverse	水平方向是主轴，项目由右向左依次排列
column	垂直方向是主轴，项目由上向下依次排列
column-reverse	垂直方向是主轴，项目由下向上依次排列

例2-3-2 演示flex-direction属性的不同取值。

```
<!DOCTYPE html>
<html>
    <head>
        <meta charset="utf-8">
        <title>flex-direction属性介绍</title>
        <style>
            .box{
                display:flex;
                flex-direction:row;
                /* flex-direction:row-reverse;*/
                /* flex-direction:column; */
                /* flex-direction:column-reverse; */
                background-color:lightblue;
                height: 200px;
                width: 300px;
            }
            .box div{
                background-color:red;
                border:solid yellow 1px;
                width:50px;
                height:50px;
            }
        </style>
    </head>
    <body>
        <div class="box">
            <div class="box_1">项目1</div>
            <div class="box_2">项目2</div>
            <div class="box_3">项目3</div>
        </div>
    </body>
</html>
```

flex-direction属性不同取值的效果如图2-3-3～图2-3-6所示。

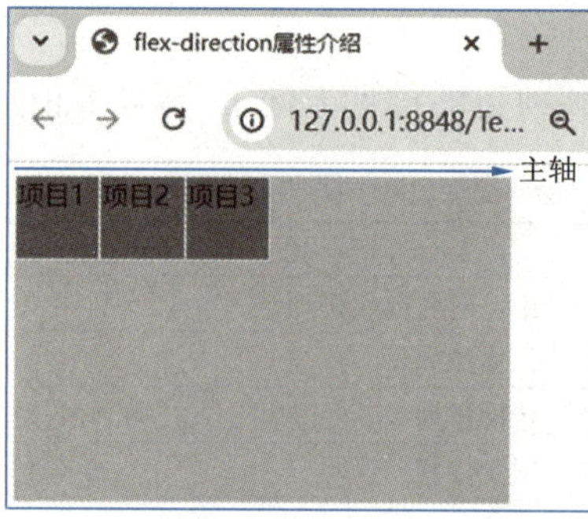

图 2-3-3 flex-direction: row 效果

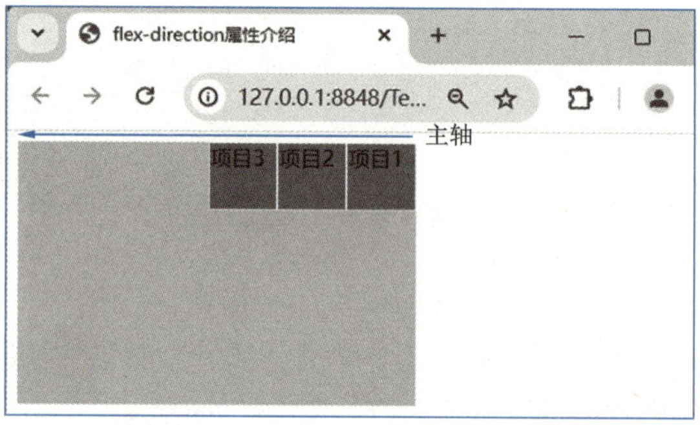

图 2-3-4 flex-direction: row-reverse 效果

图 2-3-5 flex-direction: column 效果

图 2-3-6 flex-direction:column-reverse 效果

这里把主轴看作沿着容器上边缘和左边缘的一条有方向的线；交叉轴则是垂直于主轴的，其方向并不重要，可以将其看作双向的。

3. flex-wrap属性

flex-wrap属性决定弹性盒内的项目是单行还是多行排列，同时主轴的方向决定了新行堆叠的方向。flex-wrap属性的取值说明见表2-3-3。

表 2-3-3　flex-wrap 属性的取值说明

属 性 值	说　明
nowrap	默认值，项目不换行，如果项目总长超出容器，则在主轴方向对项目进行平均压缩
wrap	允许换行，新行在远主轴的一侧生成
wrap-reverse	允许换行，新行在靠近主轴一侧生成

例2-3-3　演示flex-wrap属性的不同取值。

```
<!DOCTYPE html>
<html>
    <head>
        <meta charset="utf-8">
        <title>flex-wrap属性介绍</title>
        <style>
            .box{
                display:flex;
                flex-direction:row;
                /* flex-wrap:nowrap; */
                /* flex-wrap:wrap; */
                flex-wrap: wrap-reverse;
                background-color:lightblue;
                height:200px;
                width:300px;
            }
            .box div{
                background-color:red;
                border:solid yellow 1px;
                width:70px;
                height:50px;
            }
        </style>
    </head>
    <body>
        <div class="box">
            <div class="box_1">项目1</div>
            <div class="box_2">项目2</div>
            <div class="box_3">项目3</div>
            <div class="box_4">项目4</div>
            <div class="box_5">项目5</div>
        </div>
```

```
    </body>
</html>
```

flex-wrap属性不同取值的效果如图2-3-7～图2-3-9所示。

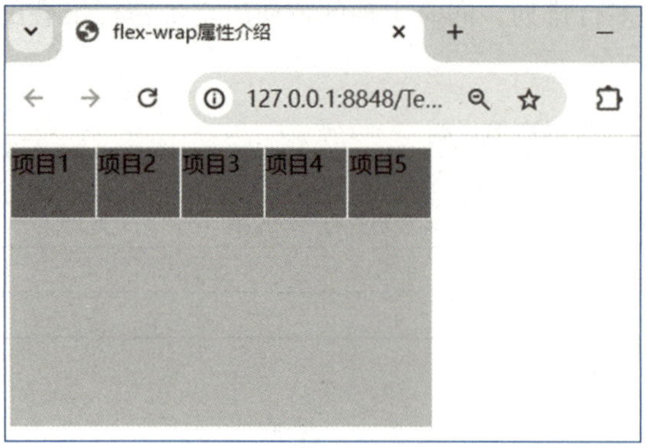

图 2-3-7　flex-wrap: nowrap 效果

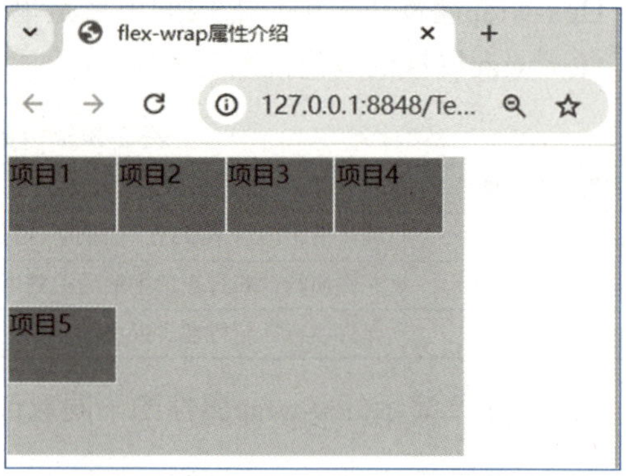

图 2-3-8　flex-wrap: wrap 效果

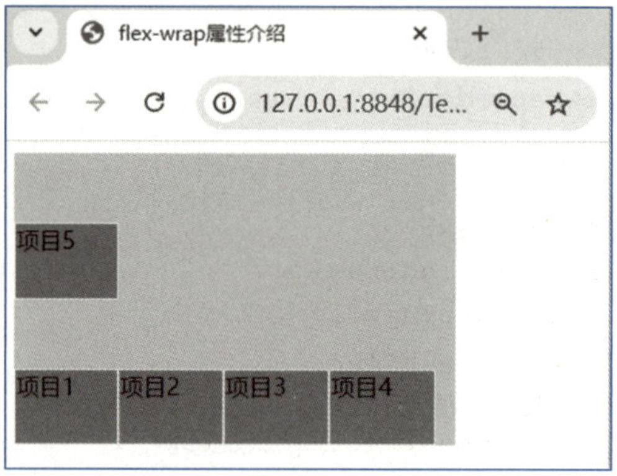

图 2-3-9　flex-wrap: wrap-reverse 效果

4. justify-content属性

justify-content属性用于定义项目在主轴方向上的对齐方式。属性的取值说明见表2-3-4。

表 2-3-4　justify-content 属性的取值说明

属　性　值	说　　明
flex-start	默认值，项目在主轴方向上靠近起点一侧对齐
flex-end	项目在主轴方向上靠近终点一侧对齐
center	项目在主轴方向上居中
space-between	两端对齐，项目均匀地分布在主轴方向，首尾两个项目跟容器边界不留空间
space-around	项目均匀地分布在主轴方向，首尾两个项目与容器边界的距离为项目之间距离的一半

例 2-3-4　演示justify-content属性的不同取值。

```
<!DOCTYPE html>
<html>
    <head>
        <meta charset="utf-8">
```

```
        <title>justify-content属性介绍</title>
        <style>
            .box{
                display: flex;
                flex-direction: row;
                /* justify-content:flex-end; */
                /* justify-content:center; */
                /* justify-content:space-between; */
                justify-content:space-around;
                background-color:lightblue;
                height:200px;
                width:300px;
            }
            .box div{
                background-color:red;
                border:solid yellow 1px;
                width:70px;
                height:50px;
            }
        </style>
    </head>
    <body>
        <div class="box">
            <div class="box_1">项目1</div>
            <div class="box_2">项目2</div>
            <div class="box_3">项目3</div>
        </div>
    </body>
</html>
```

justify-content属性不同取值的效果如图2-3-10～图2-3-13所示。

图 2-3-10　justify-content: flex-end 效果

图 2-3-11　justify-content: center 效果

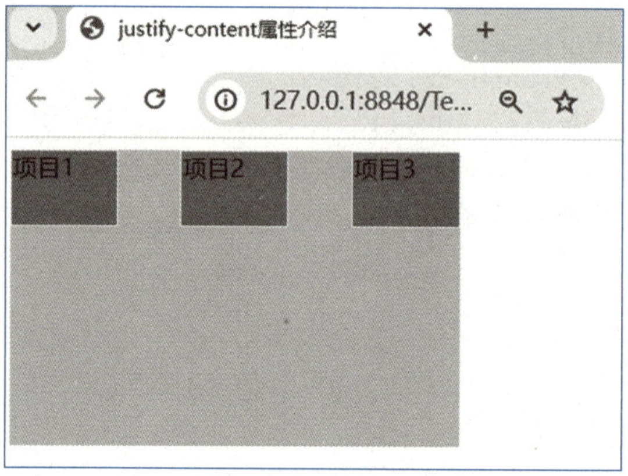

图 2-3-12　justify-content: space-between 效果

图 2-3-13　justify-content: space-around 效果

5. align-item属性

align-item属性用于定义项目在交叉轴上的对齐方式。属性的取值说明见表2-3-5。

表 2-3-5　align-item 属性的取值说明

属 性 值	说　明
flex-start	项目在交叉轴上靠近起点一侧对齐
flex-end	项目在交叉轴上靠近终点一侧对齐
center	项目在交叉轴方向上居中
baseline	项目的第一行文字的基线对齐
stretch	默认值，如果项目未设置高度，则项目占满整个容器的高度

例 2-3-5　演示align-item属性的不同取值。

```
<!DOCTYPE html>
<html>
    <head>
        <meta charset="utf-8">
        <title>align-item属性介绍</title>
        <style>
            .box{
                display: flex;
                flex-direction:row;
                /* align-items:flex-end; */
                /* align-items:stretch; */
                align-items:center;
                background-color:lightblue;
                height:200px;
                width:300px;
            }
            .box_1,.box_2{
                background-color:red;
                border:solid yellow 1px;
                width:70px;
                height:50px;
            }
            .box_3{
                background-color: red;
                border: solid yellow 1px;
                width: 70px;
                height: 50px;
            }
        </style>
    </head>
    <body>
        <div class="box">
            <div class="box_1">项目1</div>
            <div class="box_2">项目2</div>
            <div class="box_3">项目3</div>
        </div>
    </body>
```

```
38  </html>
```

align-item属性不同取值的效果如图2-3-14、图2-3-15所示。

图 2-3-14　align-item: flex-end 效果

图 2-3-15　align-item:center 效果

将代码第12行align-item设置为stretch，第27行取消项目3的盒子高度，即删掉第27行代码，则网页效果如图2-3-16所示，项目1和项目2按照设置好的高度展示，项目3未设置高度，则充满容器的全部高度。

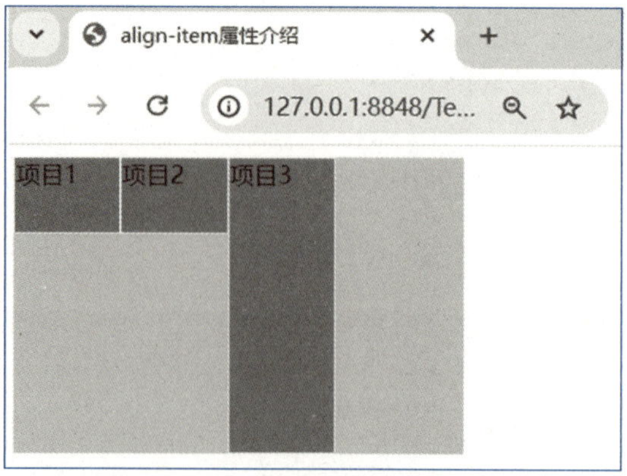

图 2-3-16　align-item: stretch 效果

例2-3-6　制作照片九宫格页面，演示弹性盒子容器的应用。

```
<!DOCTYPE html>
<html>
    <head>
        <meta charset="utf-8">
        <title>弹性盒子布局容器属性综合应该有</title>
        <style>
            body{
                background-color:aliceblue;
            }
            .box{
                width:650px;
                margin:50px auto;
                /* 作为容器 */
                display:flex;
                flex-direction:row;
                flex-wrap:wrap;
            }
            .box.item{
                margin-right:15px;
                margin-bottom:15px;
                box-shadow:5px 5px 5px 3px #ccc;
            }
        </style>
    </head>
    <body>
        <div class="box">
            <div class="item"><img src="image/pic1.jpg" width="200px"/></div>
            <div class="item"><img src="image/pic2.jpg" width="200px"/></div>
            <div class="item"><img src="image/pic3.jpg" width="200px"/></div>
            <div class="item"><img src="image/照片位置.jpg" width="200px"/></div>
            <div class="item"><img src="image/照片位置.jpg" width="200px"/></div>
            <div class="item"><img src="image/pic4.jpg" width="200px"/></div>
            <div class="item"><img src="image/照片位置.jpg" width="200px"/></div>
            <div class="item"><img src="image/照片位置.jpg" width="200px"/></div>
            <div class="item"><img src="image/pic5.jpg" width="200px"/></div>
        </div>
    </body>
</html>
```

程序运行结果如图2-3-17所示。

图 2-3-17　弹性盒子布局效果图

三、弹性盒子项目属性

项目属性需要写在项目的样式表（CSS）中，需要跟容器属性区分开。弹性盒子中的项目属性见表2-3-6。

表 2-3-6　弹性盒子项目属性

属　性	说　明
order	设置项目的排列顺序，数值越小，配列越靠前，默认值为0
flex-grow	设置项目的放大比例，默认值为0
flex-shrink	设置项目的缩小比例，默认值为1
flex-basis	设置在分配剩余空间之前，项目占据的主轴空间
flex	flex-grow、flex-shrink、flex-basis这3个属性的组合，建议优先使用flex这个属性，而不是单独写3个属性

例 2-3-7　演示弹性盒子容器属性和项目属性的综合应用。

```
<!DOCTYPE html>
<html>
    <head>
        <meta charset="utf-8">
        <title></title>
        <style>
            .content{
                background-color:#ccc;
                width:300px;
                height:500px;
```

```
                border:solid #ccc 1px;
                font-size:10pt;
                margin:0 auto;
                /* 作为容器 */
                display: flex;
                flex-direction:column;}
            img{
                height:20px;}
            .box{
                background-color:#FFF;
                width:300px;
                margin-bottom:3px;
                /* 作为容器 */
                display: flex;
                flex-direction:column;}
            .zu{
                background-color:#FFF;
                width:300px;
                border-bottom:solid #ccc 1px;
                padding:0 4px 0 4px;
                box-sizing:border-box;
                /* 作为容器 */
                display:flex;
                flex-direction:row;
                align-items:center;}
            .zu.wenzi{
                /*作为项目*/
                flex:1;      /*剩余空间全部分配给文字所在的项目*/
                margin-left:4px;}
        </style>
    </head>
    <body>
        <!-- 最外层盒子 -->
        <div class="content">
            <div class="box">
                <!-- 第一组只包含1部分:朋友圈-->
                <div class="zu">
                    <img src="image/朋友圈.png"/>
                    <p class="wenzi">朋友圈</p>
                    <img src="image/箭头.png"/>
                </div>
            </div>
            <div class="box">
```

```
            <!-- 第二组包含2部分:视频号和直播 -->
            <div class="zu">
                <img src="image/视频号-copy.png"/>
                <p class="wenzi">视频号</p>
                <img src="image/箭头.png"/>
            </div>
            <div class="zu">
                <img src="image/直播.png"/>
                <p class="wenzi">直播</p>
                <img src="image/箭头.png"/>
            </div>
        </div>
        <div class="box">
            <!-- 第三组包含2部分:扫一扫和听一听 -->
            <div class="zu">
            <img src="image/扫一扫.png"/>
                <p class="wenzi">扫一扫</p>
                <img src="image/箭头.png"/>
            </div>
            <div class="zu">
                <img src="image/音符.png"/>
                <p class="wenzi">听一听</p>
                <img src="image/箭头.png"/>
            </div>
        </div>
        <div class="box">
            <!-- 第四组包含2部分:看一看和搜一搜 -->
            <div class="zu">
                <img src="image/看一看.png"/>
                <p class="wenzi">看一看</p>
                <img src="image/箭头.png"/>
            </div>
            <div class="zu">
                <img src="image/搜一搜.png"/>
                <p class="wenzi">搜一搜</p>
                <img src="image/箭头.png"/>
            </div>
        </div>
        <div class="box">
            <!-- 第五组包含2部分:购物和游戏 -->
            <div class="zu">
                <img src="image/购物.png"/>
                <p class="wenzi">购物</p>
                <img src="image/箭头.png"/>
```

```
98                  </div>
99                  <div class="zu">
100                     <img src="image/游戏.png"/>
101                     <p class="wenzi">游戏</p>
102                     <img src="image/箭头.png"/>
103                 </div>
104             </div>
105             <div class="box">
106                 <!-- 第六组 包含一部分：小程序-->
107                 <div class="zu">
108                     <img src="image/小程序.png"/>
109                     <p class="wenzi">小程序</p>
110                     <img src="image/箭头.png"/>
111                 </div>
112             </div>
113         </div>
114     </body>
115 </html>
```

上述代码中，第15、16行，首先将盒子.content看作弹性盒容器，此时.box是它的项目，.content中使用flex-direction:column设置项目排列方向为垂直方向。第24、25行，将盒子.box看作弹性盒容器，此时.zu是它的项目，在.box中使用flex-direction:column设置项目排列方向为垂直方向。第47～51行，将.zu看作容器，此时里面的<img>、<p>是它的项目，在.zu中使用flex-direction:row设置项目排列方向为水平方向，在<p>即第二个项目中使用了flex:1，效果同flex-grow:1，即把本行中剩余的空间全部分配给了第二个项目，所以<p>标签的实际宽度变为内容宽度+分配宽度。

程序运行结果如图2-3-18所示。

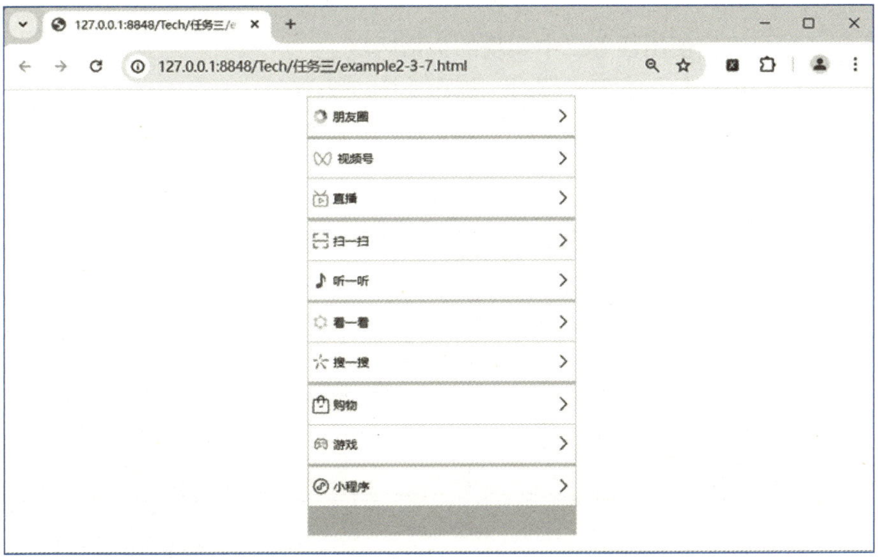

图 2-3-18　弹性盒布局综合案例

视 频

任务实施

任务实施

一、页面效果

本任务是设计并制作Web前端岗位招聘网页，效果如图2-3-19所示。

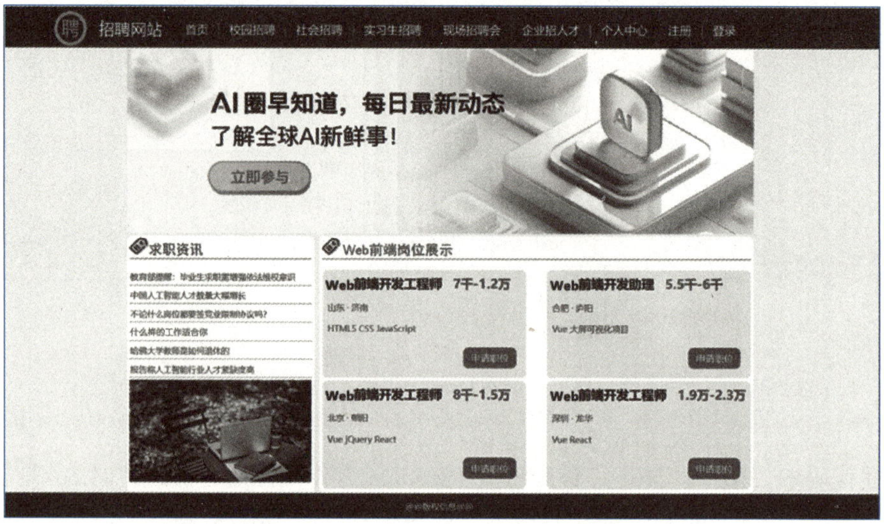

图 2-3-19　Web 前端岗位招聘网页

二、任务要求

① 按照效果图2-3-19完成Web前端岗位招聘网页的制作，页面布局如图2-3-20，包括头部、广告、内容和页面底部4个模块，其中内容部分又分为了左右两部分，这些模块均可使用<div>标签进行定义。

② 页面头部区域可直接使用任务二中实现的头部区域。

③ 求职咨询模块，鼠标移入新闻标题时，标题文字变为蓝色。

④ Web前端岗位展示区域，鼠标移入每个岗位卡片时，职位名称变为蓝色。

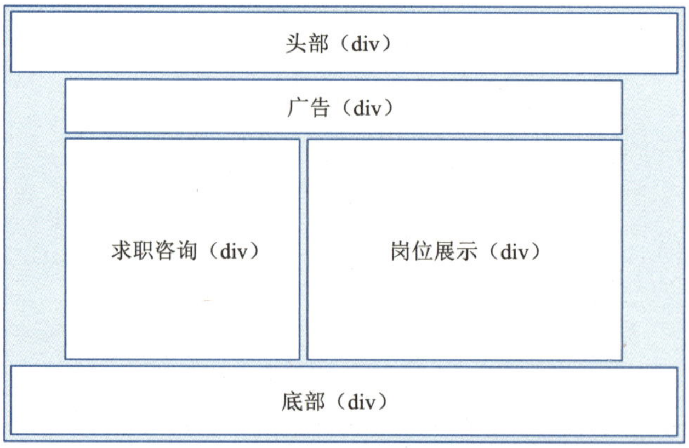

图 2-3-20　Web 前端岗位招聘网页结构图

三、实施步骤

① 新建zhaopin.html，将网页标题栏内容设置为“Web前端招聘网站”。

② 参考网页布局图2-3-20，将网页分为头部、广告、内容、底部4部分，分别使用4个div进行布局；其中，头部可以直接使用任务二中网页导航样式；内容使用flex弹性盒布局分为左右两部分，分别放置求职资讯和岗位展示模块；底部为网页授权信息。

③ 新建zhaopin.css文件，对网页进行样式设置，并用<link>标签引入该样式文件。

四、代码实现

zhaopin.html代码实现如下：

```
<!DOCTYPE html>
<html>
    <head>
        <meta charset="utf-8">
        <title>Web前端招聘网站</title>
        <link href="CSS/zhaopin.css" type="text/css" rel="stylesheet" />
    </head>
    <body>
        <!-- header-->
        <div class="head">
            <img src="image/pin.png" class="icon" />
            <span class="title">招聘网站</span>
            <ul class="clearfix">
                <li class="list"><a href="#">首页</a></li>
                <img src="image/line.jpg" class="line" />
                <li class="list"><a href="#">校园招聘</a></li>
                <img src="image/line.jpg" class="line" />
                <li class="list"><a href="#">社会招聘</a></li>
                <img src="image/line.jpg" class="line" />
                <li class="list"><a href="#">实习生招聘</a></li>
                <img src="image/line.jpg" class="line" />
                <li class="list"><a href="#">现场招聘会</a></li>
                <img src="image/line.jpg" class="line" />
                <li class="list"><a href="#">企业招人才</a></li>
                <img src="image/line.jpg" class="line" />
                <li class="list"><a href="#">个人中心</a></li>
                <li class="right"><a href="#">登录</a></li>
                <img src="image/line.jpg" class="line right" />
                <li class="right"><a href="#">注册</a></li>
            </ul>
        </div>
        <!--banner-->
```

```
        <div class="banner">
            <img src="image/banner2.png" width="1200"/>
        </div>
        <!--content-->
        <div class="content">
            <!--left 求职咨询-->
            <div class="left">
                <div class="new_title"><img src="image/便签.png"/><span>求职资讯
        </span></div>
                <div class="news">
                    <ul>
                        <li><a href="#">教育部提醒：毕业生求职需增强依法维权意识</a></li>
                        <li><a href="#">中国人工智能人才数量大幅增长</a></li>
                        <li><a href="#">不论什么岗位都要签竞业限制协议吗？</a></li>
                        <li><a href="#">什么样的工作适合你</a></li>
                        <li><a href="#">哈佛大学教师是如何退休的</a></li>
                        <li><a href="#">报告称人工智能行业人才紧缺度高</a></li>
                        <img src="image/news.jpg" width="350"/>
                    </ul>
                </div>
            </div>
            <!-- web招聘岗位-->
            <div class="right">
                <div class="new_title"><img src="image/便签.png"/><span>Web前端岗位展示
        </span></div>
                <div class="job">
                    <div class="job_list">
                        <h2>Web前端开发工程师   <span>7千～1.2万</span></h2>
                        <p>山东 · 济南</p>
                        <p>HTML5 CSS JavaScript</p>
                        <button>申请职位</button>
                    </div>
                    <div class="job_list">
                        <h2>Web前端开发助理   <span>5.5千～6千</span></h2>
                        <p>合肥 · 庐阳</p>
                        <p>Vue 大屏可视化项目</p>
                        <button>申请职位</button>
                    </div>
                    <div class="job_list">
                        <h2>Web前端开发工程师   <span>8千～1.5万</span></h2>
```

```
73                      <p>北京 · 朝阳</p>
74                      <p>山东卓越信息可科技有限公司</p>
75                      <button>申请职位</button>
76                  </div>
77                  <div class="job_list">
78                      <h2>Web前端开发工程师   <span>1.9万~2.3万</span>
   </h2>
79                      <p>深圳 · 龙华</p>
80                      <p>Vue React</p>
81                      <button>申请职位</button>
82                  </div>
83              </div>
84          </div>
85      </div>
86      <!-- foot -->
87      <div class="foot">@@版权信息@@</div>
88  </body>
89  </html>
```

在上述代码中，使用div对网页整体进行布局，其中43～51行新闻列表部分使用了无序列表ul，大部分模块都使用<div>标签实现。

搭建完页面结构后，下面使用CSS对页面的样式进行修饰。采用从整体到局部的方式实现图2-3-19所示的效果。zhaopin.css文件代码如下：

```
*{padding:0;
    margin:0;
    list-style:none;
    text-decoration:none;}
body{
    background-color:#f2f6fc;
}
.head{
    width:100%;
    height:80px;
    background:#32373e;
}
.clearfix:after{
    content:'';
    display:block;
    clear:both;
}
.head.icon{
    float:left;
```

```
    width:70px;
    padding:10px 0px 5px 100px;
}
.head.title{
    float:left;
    display:block;
    margin:10px 0 0 20px;
    font:30px/70px "microsoft yahei";
    color:#ffffff;
}

.head ul{
    float:left;
    margin-left:26px;
    width:75%;
}
.head li{
    float:left;
    margin:0 20px;
}
.head a{
    display:block;
    height:62px;
    font:22px/90px "microsoft yahei";
    color:#ffffff;
    border-bottom:4px solid transparent;
}
.head.line{
    float:left;
    display:block;
    margin-top:35px;
}
.head.right{
    float: right;
}
.banner{
    width:1200px;
    height:360px;
    margin:0 auto;
    margin-bottom: 5px;
}
.content{
    width:1200px;
```

```
    height:500px;
    margin:0 auto;
    /* 作为容器 */
    display:flex;
    flex-direction: row;}
.content.left{
    flex:30%;
    background:#FFF;
    border-radius:10px;
    padding:5px;
}
.new_title{
    height:40px;
    line-height:50px;
    border-bottom:solid #0378D8 1px;
    margin-bottom:20px;
}
.new_title span{
    font: 20pt "黑体";
    color: #0378D8;
}
.news a{
    color: #787878;
}
.news li{
    border-bottom:dashed 1px #787878;
    line-height:30px;
    margin-bottom:5px;
}
.content.right{
    flex:70%;
    background:#FFF;
    border-radius:10px;
    margin-left:10px;
    padding:5px;
}
.right.job{
    display:flex;
    flex-direction:row;
    flex-wrap:wrap;
    justify-content:space-between;
}
.job_list{
```

```
106     background:#f1f1f8;
107     position:relative;
108     width:380px;
109     height:200px;
110     padding:10px 0 0 10px;
111     margin-bottom:5px;
112     border-radius:10px;
113 }
114 .job_list:hover  h2{
115     color: #0378D8;
116 }
117 .job_list h2 span{
118     color: red;
119 }
120 .job_list p{
121     font-size:16px;
122     color:#787878;
123     margin-top:20px;
124 }
125 .job_list button{
126     background-color:#0189f8;
127     color: white;
128     font-size:18px;
129     width:100px;
130     height:40px;
131     border-radius:10px;
132     margin-top:5px;
133     position:absolute;
134     right:20px;
135     bottom:20px;
136     border:none;
137 }
138 .foot{
139     background:#32373e;
140     color:#fff;
141     height:50px;
142     line-height:50px;
143     text-align:center;
144 }
145 a:hover{
146     color:#0378D8;}
```

代码分析：

第61～67行，内容模块使用了flex弹性盒布局将求职咨询和岗位展示模块进行横排。

第69行和第93行，使用了flex属性，赋值为百分比，表示该模块在容器中所占的百分比，即求职咨询模块占比30%，岗位展示模块占比70%。

第100～103行，依然采用flex弹性盒布局，使岗位卡片按行排列，flex-wrap: wrap实现岗位卡片的换行排列，justify-content: space-between使岗位卡片（即项目）均匀分布在该容器中。

至此，刷新zhaopin.html页面，完成Web前端岗位展示页面制作。

进阶训练

设计并制作助农网页，助力乡村振兴。如图2-3-21所示，使用flex弹性盒子布局网页，其中鼠标移入商品位置时，为当前区域添加阴影效果。

图 2-3-21 助农网页效果图

课后练习

一、填空题

1. 在使用 Flex 布局时，________属性可设置项目是否可以换行展示。
2. ________属性用于设置容器为 Flex 布局。
3. Flex 容器默认的主轴方向是________。
4. ________属性可以控制 Flex 子项在主轴上的排列顺序。
5. 要使 Flex 子项在主轴上平均分布，可以使用________属性。

二、选择题

1. 下列关于 Flex 弹性布局中主轴说法正确的是（　　）。

   A. 水平方向是主轴　　B. 垂直方向是主轴

   C. flex-direction 规定的方向是主轴　　D. 与 flex-direction 规定方向垂直的是主轴

2. Flex 布局中设置项目的排列方向使用（　　）属性。

   A. order　　B. display　　C. flex-direction　　D. align-item

3. 下面关于弹性盒子内子元素描述正确的是（　　）。

   A. 当弹性盒子宽度小于子元素整体宽度时，子元素将自动换行
   B. 当弹性盒子宽度小于子元素整体宽度时，子元素宽度将自动收缩
   C. 当弹性盒子宽度小于子元素整体宽度时，子元素的超出部分将被截取
   D. 当弹性盒子宽度小于子元素整体宽度时，子元素将超出到弹性盒子的外部

4. 对于弹性布局以下描述错误的是（　　）。

   A. 一个元素的 display 属性值设置为 flex，那么这个元素中的子元素，就会遵循弹性布局的规则
   B. 弹性布局元素也称为弹性盒子
   C. 弹性布局元素中，块状元素依然独占一行
   D. 弹性布局元素中，vertical-align 属性都不能用了

5. 对于 flex-wrap 样式，下面描述错误的是（　　）。

   A. 如果在父容器宽度足够时，也可以通过 flex-wrap:wrap; 设置来换行
   B. 弹性布局中的子元素能自动伸缩
   C. 在弹性盒子中，默认子元素不换行，即使是容器宽度不够时，子元素也不换行，只是宽度缩小
   D. 如果在父容器宽度不够时想要自动换行，那么设置：flex-wrap:wrap;

6. 下列选项中，用于设置弹性盒子元素按垂直方向由上到下顺序排列的是（　　）。

   A. flex-direction: row;　　B. flex-direction: row-reverse;
   C. flex-direction: column;　　D. flex-direction: column-reverse;

项目三

知天文——制作航天知识竞赛网站

项目描述

我国于1970年4月24日成功发射第一颗人造地球卫星——东方红一号，是继苏联、美国、法国、日本之后世界上第五个能独立发射人造地球卫星的国家。2016年，新一代的长征七号、长征五号运载火箭相继发射成功，使中国火箭运载能力进入国际先进行列，中国运载火箭成功升级换代，擎起迈向航天强国的中国力量。

本项目将围绕中国航天工程这个主题，综合使用表单元素、多媒体元素设计并制作航天知识竞赛答题网页、答题登录网页以及航天新闻网页等页面。

知识图谱

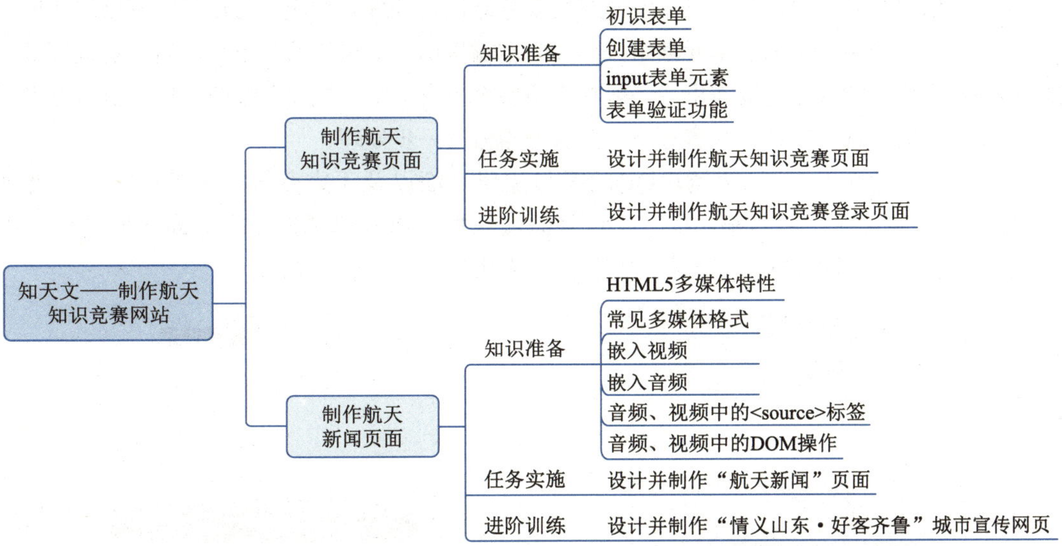

任务一　制作航天知识竞赛页面

任务目标

素质目标：

- 培养学生的爱国精神、科技自豪感。
- 培养学生的团队合作和勇于探索精神。

知识目标：

- 了解表单的含义。
- 掌握表单的创建。
- 掌握input标签的使用方法。
- 了解HTML5的验证表单功能。

能力目标：

- 能够使用表单元素制作会员登录页面。
- 能够使用表单元素的属性实现简单的表单验证功能。

知识准备

一、初识表单

视频

表单介绍

表单是网页中的重要元素，可以实现用户与网页开发人员之间的信息交互，用户在表单中提交信息，表单将这些信息打包发送给服务器进行处理并响应。常用于实现用户注册、登录等功能。表单由一系列表单元素组成，如文本输入框、单选按钮、下拉列表、复选框等，基本能够满足大多数数据传输需求。一般在表单中至少有一个“提交”按钮，用户点击触发后，就会将填写的数据提交到后台服务器，由服务器做进一步处理。

例如，图3-1-1所示为腾讯QQ的账号注册页面以及天猫商城的注册页面，此类页面包含了昵称输入框、密码输入框、手机号码输入框，以及单选按钮和立即注册按钮，用户需要填写完整后单击“立即注册”（登录）按钮，完成账号的注册（登录）。

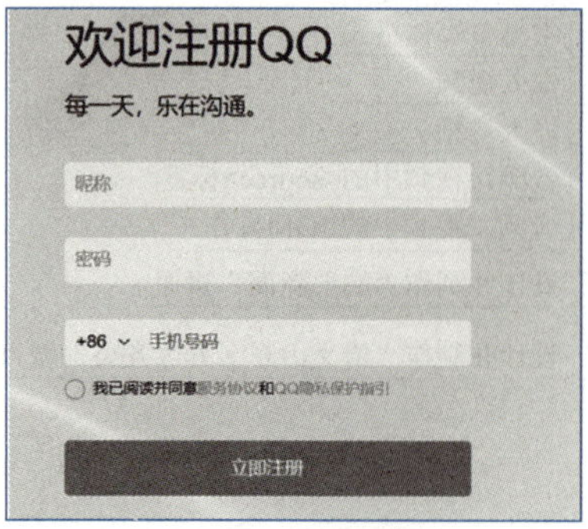

（a）QQ 注册页面

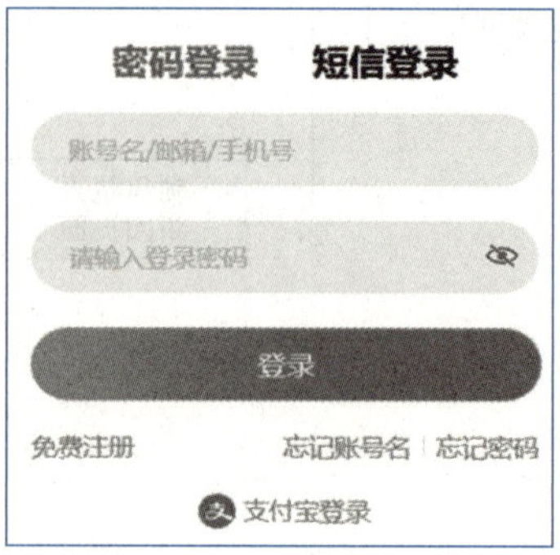

（b）天猫商城注册页面

图 3-1-1　常见的注册、登录页面

二、创建表单

在HTML中，表单使用<form>标签定义，它是一个双标记类型的标签，使用时需要成对使用。其语法格式如下：

```
<form name="表单名称"action="URL地址"method="get/post"autocomplete="on/off"
novalidate="true/false">
    …其他表单元素
</form>
```

其中，各属性的含义如下：

① name属性：定义表单的名称。

② action属性：接收表单信息的服务器端程序的URL地址。

③ method属性：用于设置表单信息的提交方式，取值为get或者post两种。其中get为默认值，该种方法提交的数据将会显示在浏览器的地址栏，保密性差，且对数据量有一定的限制。而post方法保密性较好，并且没有数据量的限制，因此可根据网页需求选择使用哪种提交方式。

④ autocomplete属性：HTML5新增表单属性，用于设置表单的自动完成功能。“自动完成”是指将用户输入的内容记录下来，当再次在相同的控件中输入时，会将历史输入内容显示在一个下拉列表中，以实现自动完成输入。该属性取值有on和off两种，autocomplete="on"表示表单有自动完成功能，否则没有。

⑤ novalidate属性：HTML5新增表单属性，用于设置表单在提交数据时，是否取消有效性检查。该属性取值有true和false两种，默认取值为false，novalidate="true"表示取消表单验证。

温馨提示：<form>标签本身没有任何显示效果，但是如果想让一个表单有意义，则建议大家在<form>…</form>之间添加其他表单元素，将表单组成一个整体。

三、input表单元素

视频

input表单介绍

在一个完整的表单中，通常包含多种表单元素，如图3-1-2所示。

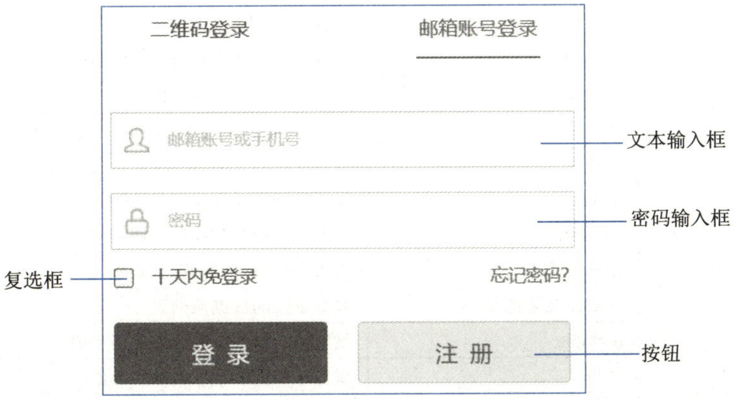

图 3-1-2　登录表单中的常用元素

下面学习表单中使用频率最高的input元素。

input元素是表单中最常用的元素，为单标记元素，用于定义文本输入框、单选按钮、复选框、提交按钮等。其语法格式如下：

```
<input  type="元素类型"/>
```

其中，type属性是input元素最常用的属性，它的取值有多种，不同的取值对应着不同的表单元素。type属性的取值见表3-1-1，除了type属性以外，input元素还有许多其他属性，见表3-1-2。

表 3-1-1　input 元素的常用 type 属性

属　性	属 性 值	属 性 说 明
type	text	单行文本输入框
	password	密码输入框
	radio	单选按钮
	checkbox	复选框
	button	普通按钮
	submit	提交按钮
	reset	重置按钮
	image	图像形式的提交按钮
	file	文件域
	email	邮箱地址输入域
	url	URL 地址的输入域
	tel	电话号码输入域
	number	数字的输入域
	range	某范围内数值的输入域
	date/time	日期/时间的输入域
	search	搜索域
	color	颜色选择域

表 3-1-2　input 元素的其他属性

属　性	属 性 值	属 性 说 明
name	用户自定义	元素的名称
value	用户自定义	input控件的默认文本值
size	正整数	设置 input 控件的宽度
readonly	readonly	设置控件内容为只读（不能编辑修改）
disabled	disabled	控件禁用（显示为灰色）
checked	checked	当input类型为选择控件时，定义默认选中项
maxlength	正整数	控件允许输入的最多字符数量
autocomplete	on/off	设置是否自动完成表单字段的内容
autofocus	autofocus	设置页面加载完成后，该控件是否自动获取鼠标焦点
form	form 元素的 id	设置该控件隶属于哪个表单
list	datalist 元素的 id	设置字段的数据值列表
multiple	multiple	设置输入框是否可以输入多个值
min、max、step	数值	设置最小值、最大值及步长值
pattern	字符串	设置正则表达式，验证数据的合法性
placeholder	字符串	输入框内的提示信息
required	required	设置输入框中内容不能为空

下面对input元素的主要type属性进行详细介绍。

① 单行输入文本：<input type="text" />

输入框只能输入单行简短信息，如用户名、账号等，常用的属性有name、value、placeholder、maxlength。

② 密码输入框：<input type="password" />

此输入框用来输入密码，输入的内容将以圆点的形式进行加密显示。

③ 单选按钮：<input type="radio" />

单选按钮用于单项选择的情况，如选择性别、是否同意等。使用该属性时需要注意，必须为同一组中的选择项全部指定相同的name值，这样各个选项之间才能实现互斥选择的效果。可以使用checked属性指定网页加载后默认选中项。

④ 复选框：<input type="checkbox" />

复选框常用于多项选择的情况，如选择兴趣爱好、多项选择题等。可以使用checked属性指定网页加载后默认选中项。

⑤ 普通按钮：<input type="button" />

普通按钮经常配合JavaScript脚本语言使用，读者了解即可。

⑥ 提交按钮：<input type="submit" />

提交按钮即将用户输入的各种信息提交到服务器，完成信息的提交。可以使用value属性改变按钮上的默认文本。

⑦ 重置按钮：<input type="reset" />

重置按钮可以将用户填写的信息进行重置，即取消所有已输入信息，如用户输入信息有误时，可以一键重置。同样，可以使用value属性改变按钮上的默认文本。

⑧ 图像形式的提交按钮：<input type="image" src="图像的URL地址"/>

该按钮与普通按钮功能是相同的，只是用图像代替了按钮默认的样式，外观上更加美观。需要注意的是，使用该按钮时，必须定义src属性指定图像的URL地址。

⑨ 文件域：<input type="file" />

使用文件域时，会在网页出现一个“浏览”按钮，单击此按钮后，出现选择文件对象的窗口，可以进行文件的选择操作，确定后，文件将提交给后台服务器。

⑩ email类型：<input type="email" />

该属性专门用于输入E-mail地址的文本信息，可以用来验证输入的E-mail地址格式是否合理，如果不合适，将提示相应的错误信息。

为了更好地理解和应用这些type属性，下面通过一个案例演示它们的使用方法。

例3-1-1　input元素的应用。

```
<!DOCTYPE html>
<html>
    <head>
        <meta charset="utf-8">
        <title>input控件的使用</title>
    </head>
```

```
7       <body>
8       <form id="formBox" autocomplete="on" method="post">
9               账号：<input type="text" size="30" required /><br/><br/> <!--单行文本输入框-->
10              密码：<input type="password" size="30" required maxlength="8" /><br/><br/> <!--密码输入框 -->
11              邮箱：<input type="email"  /><br/><br/>   <!--邮箱地址输入框 -->
12              性别：<input type="radio"   name="sex"  checked="checked" />男<!--单选按钮-->
13                  <input type="radio"   name="sex"/>女<br/><br/>
14              兴趣爱好：<input type="checkbox"  checked="checked" />阅读
                                                  <!--复选框-->
15                  <input type="checkbox" />写作
16                  <input type="checkbox" />摄影<br/><br/>
17              上传头像：<input type="file" /><br/><br/>    <!--文件域-->
18              <input type="submit"  value="提交"/>         <!--提交按钮-->
19              <input type="reset"  value="重置"/>          <!--重置按钮-->
20              <input type="button"  value="普通按钮"/><br/><br/> <!--普通按钮-->
21              图像样式的退出按钮：<input type="image"  src="image/2.png" /><!--图像域-->
22          </form>
23      </body>
24  <html>
```

在例3-1-1中，通过在input中设置不同的type属性定义不同的input控件类型，还应用了一些其他属性。例如，第9行代码中，通过设置size属性控制账号的输入框宽度；第10行代码中，使用maxlength属性设置输入文本的最多字符数。第12行代码中，使用checked属性定义单选按钮的默认选中项。程序运行结果如图3-1-3所示。

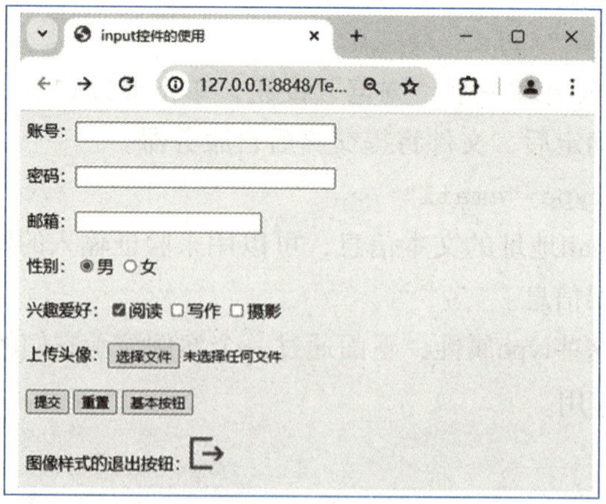

图 3-1-3 input 控件应用

根据表3-1-1所示，input中的type还有其他属性值，用于实现不同的控件，有兴趣的读者可以自行实验。

四、表单验证功能

表单数据提交至服务器前，必须确保用户输入数据的正确性和有效性，因此，需要添加表单验证功能。在HTML5中主要有5种表单验证方法：

① 使用HTML5中新增的type类型，如email、url、tel、date等。如果用户输入的内容不符合对应的type要求，则弹出提示框，以阻止表单数据提交。

② required属性校验表单元素内容是否为空，如果为空，则弹出提示框阻止表单数据提交。

③ placeholder属性为<input>控件提供一种提示，用于描述输入框期待用户输入何种内容，当在输入框内输入内容时，该提示自动消失。

④ pattern属性用于验证表单输入的内容是否满足自定义条件，pattern属性的值为正则表达式。如果表单内容不匹配此正则表达式，则弹出提示框阻止表单数据提交。常用的正则表达式见表3-1-3。

⑤ novalidate属性用于规定提交表单时不进行数据验证，如果使用该属性，则不会验证表单的输入。

如果需要更复杂的验证功能，则需要使用JavaScript代码实现。

表 3-1-3　常用正则表达式

<table>
<tr><th>正则表达式</th><th>说　明</th></tr>
<tr><td>^ [0-9]*$</td><td>数字</td></tr>
<tr><td>^\d{n}$</td><td>n位的数字</td></tr>
<tr><td>^\d{n.} $</td><td>至少n位的数字</td></tr>
<tr><td>^\d{m,n}$</td><td>m ～n位的数字</td></tr>
<tr><td>^(0|[1-9][0-9]*)$</td><td>零和非零开头的数字</td></tr>
<tr><td>^([1-9][0-9]*)+(.[0-9]{1,2})?$</td><td>非零开头的最多带 2 位小数的数字</td></tr>
<tr><td>^(\-|\+)?\d+(\.\d+)?$</td><td>正数、负数和小数</td></tr>
<tr><td>^\d+$或^[1-9]\d*|0$</td><td>非负整数</td></tr>
<tr><td>^-[1-9]\d*|0$或^((-\d+)|(0+))$</td><td>非正整数</td></tr>
<tr><td>^[u4e00-\u9fa5]{0,}$</td><td>汉字</td></tr>
<tr><td>^[A-Za-z0-9]+$或^[A-Za-z0-9]{4,40}$</td><td>英文和数字</td></tr>
<tr><td>^[A-Za-z]+$</td><td>由26个英文字母组成的字符串</td></tr>
<tr><td>^[A-Za-z0-9]+$</td><td>由数字和26个英文字母组成的字符串</td></tr>
<tr><td>^\w+$或^\w{3,20}$</td><td>由数字、26 个英文字母或者下画线组成的字停</td></tr>
<tr><td>^[\u4E00-\u9FA5A-Za-z0-9_]+$</td><td>中文、英文、数字，包括下画线</td></tr>
<tr><td>^\w+([-+.]\w+)*@\w+([-.]\w+)*\.\w+([-.]\w+)*$</td><td>E-mail 地址</td></tr>
<tr><td>[a-zA-Z]+://[^\s]*或^http://([\w-]+\.)+[\w-]+(/[\w-./?%&=]*)?$</td><td>URL 地址</td></tr>
<tr><td>^\d{15}|\d{18}$</td><td>身份证号（15位、18位数字）</td></tr>
<tr><td>^([0-9]){7,18}(x|X)?$或^\d{8,18}|[0-9x]{8,18}| [0-9X]{8,18}?$</td><td>以数字、字母 x 结尾的短身份证号码</td></tr>
<tr><td>^[a-zA-Z][a-zA-Z0-9_]{4,15}$</td><td>账号是否合法（字母开头，长度为5～16字节：允许字母、数字、下画线）</td></tr>
<tr><td>^[a-zA-Z]\w{5,17}$</td><td>密码（以字母开头，长度为6～18，只能包含 母、数字、下画线）</td></tr>
</table>

任务实施

视　频

任务实施

一、页面效果

本任务是设计并制作一个“航天知识答题”页面，效果如图3-1-4所示。

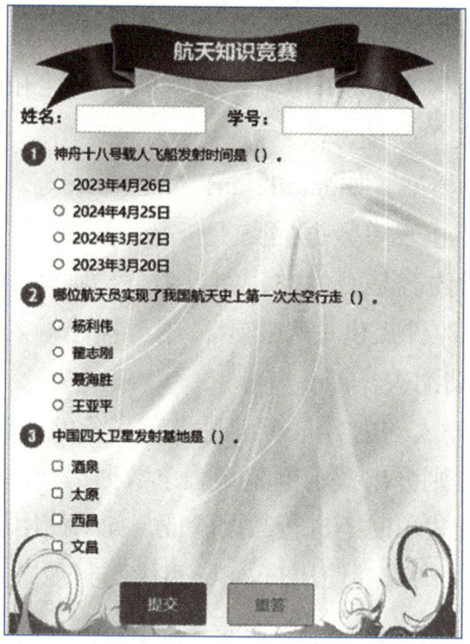

图 3-1-4　答题页面效果图

二、任务要求

① 按照效果图3-1-4完成竞赛答题页面的制作，页面布局如图3-1-5所示。

② 当鼠标指针移入“提交”按钮时，指针形状发生改变，并且按钮的背景颜色发生变化。

③ 部分控件需要具备验证功能。

三、实施步骤

① 分析知识竞赛网页布局，如图3-1-5所示。

② 新建answer.html，将网页标题栏内容设置为“航天知识竞赛”，可以使用<form>表单控制页面整体效果。

③ 每道题的描述和选项可以使用<div>进行整体控制，题目描述部分可以使用<p>标签定义，4个选项可以使用<input/>标签和<label>标签联合定义。

④ 新建answer.css文件，对网页进行样式设置，并用<link>标签引入该样式文件。

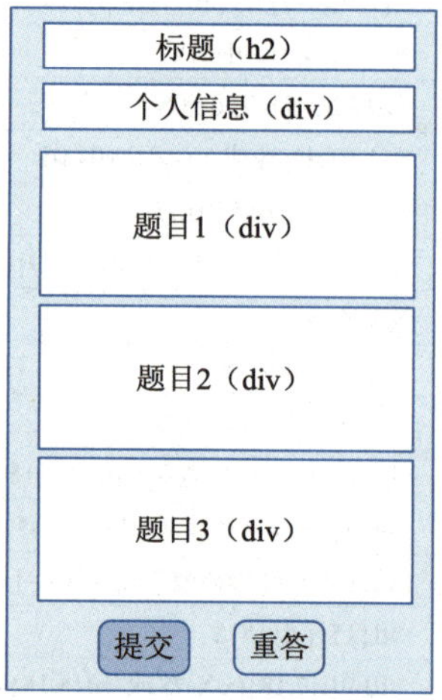

图 3-1-5　答题页面布局

四、代码实现

answer.html文件代码如下：

```
<!DOCTYPE html>
<html>
    <head>
        <meta charset="utf-8">
        <title></title>
        <link href="css/answer.css" type="text/css" rel="stylesheet"/>
    </head>
```

```
8       <body>
9           <form action="#" method="post" id="all">
10              <h2>航天知识竞赛</h2>
11              <!-- 个人信息填写 -->
12              <div class="info">
13                  <span>姓名：</span>  <input  type="text" required/>
14                      
15                  <span>学号：</span>  <input  type="text" required/>
16              </div>
17              <!-- 题目 -->
18              <div class="one">
19                  <p class="t1">神舟十八号载人飞船发射时间是（）。</p>
20                  <label><input type="radio" name="item1"/>  2023年4月26日 </label>
21                  <label><input type="radio" name="item1"/>  2024年4月25日 </label>
22                  <label><input type="radio" name="item1"/>  2024年3月27日 </label>
23                  <label><input type="radio" name="item1"/>  2023年3月20日 </label>
24              </div>
25              <div class="one">
26                  <p class="t2">哪位航天员实现了我国航天史上第一次太空行走（）。</p>
27                  <label><input type="radio" name="item2"/>  杨利伟</label>
28                  <label><input type="radio" name="item2"/>  翟志刚</label>
29                  <label><input type="radio" name="item2"/>  聂海胜</label>
30                  <label><input type="radio" name="item2"/>  王亚平</label>
31              </div>
32              <div class="one">
33                  <p class="t3">中国四大卫星发射基地是（）。</p>
34                  <label> <input type="checkbox" name="item3"/>  酒泉</label>
35                  <label> <input type="checkbox" name="item3"/>  太原</label>
36                  <label> <input type="checkbox" name="item3"/>  西昌</label>
37                  <label> <input type="checkbox" name="item3"/>  文昌</label>
38              </div>
39              <!-- 按钮 -->
40              <input type="submit" value="提交" class="submit"/>
41              <input type="reset" value="重答" class="reset"/>
42
43          </form>
44      </body>
45  </html>
```

在上述代码中，使用<form>标签对答题页面进行整体控制，在第20行、第21行等选项代码中使用了<label>标签，这样当单击<label>标签中的内容时，相应的表单控件即选项就会处于被选中状态。

搭建完页面结构后，下面使用CSS对页面的样式进行修饰。采用从整体到局部的方式实现

图3-1-4所示的效果。answer.css文件代码如下：

```
/* 全局设置 */
*{
    margin:0;
    padding:0;
}
input:focus{
    outline:none;
}
/* 关于form设置 */
#all{
    margin:0 auto;
    padding:10px;
    width:500px;
    background:url(../image/bg.jpg) no-repeat;
    background-size: 100% 100%;
    height:750px;
    box-shadow:0 0 5px 2px  #f0d8cb;
}
/* 关于标题设置 */
h2{
    text-align:center;
    margin:30px auto;
    color:yellow;
}
/* 关于个人信息的设置 */
.info{
    margin-top:50px;
}
.info span{
    font-family:"黑体";
    font-size: 15pt;
}
.info input{
    height:30px;
    width:150px;
    border:none;
    border:solid #ccc 1px;
}
/* 关于题目的设置 */
.one p{
    height:30px;
    padding-left:40px;
    line-height:30px;
```

```
    margin:10px0px;
}
.t1{
    background:url(../image/序号1.png) no-repeat left center;
}
.t2{
    background:url(../image/序号2.png) no-repeat left center;
}
.t3{
    background:url(../image/序号3.png) no-repeat left center;

}
.one label{
    display:block;
    margin-left:40px;
    margin-bottom:10px;
}
/* 关于按钮的设置 */
.submit,.reset{
    width:100px;
    height:50px;
    font-size:18px;
    border:none;
    border-radius:4px;
    text-align:center;
}
.submit{
    background-color:#e6651f;
    color:#FFF;
    margin:20px 20px 0px 120px;
}
.reset{
    border:solid #e6651f 1px;
    color:#e6651f;
    background-color:#f0ccb9;
}
.submit:hover{
    background-color:#b24509;
    cursor: pointer;
}
.reset:hover{
    background-color:#f0d8cb;
    cursor:pointer;
}
```

代码分析：

第7行，在进行全局设置时，使用outline: none实现所有文本输入控件获取鼠标焦点时，不显示外边框。

第47、50、53行，为每个题目区域综合设置背景图像属性，实现题目序号图片的显示。

第82行和第86行，通过cursor属性控制鼠标的样式。

至此，刷新answer.html页面，完成航天知识竞赛的答题页面。

进阶训练

视频

知识拓展

一、知识拓展

前面主要介绍了常用的表单元素<input>，表单中还有一些其他元素，如datalist、textarea、select等。

1. textarea元素

当input的属性type，即type属性取值为text时，可以创建一个单行文本输入框。如果要输入多行文本，则需要使用textarea元素实现。其基本语法格式如下：

```
<textarea cols=" " rows=" ">文本内容</ textarea >
```

其中，cols属性规定文本区域可见的列数，rows属性规定文本区域可见的行数，取值均为正整数。textarea元素的相关属性见表3-1-4。

表 3-1-4 textarea 元素的相关属性

属　性	属 性 值	属 性 说 明
name	用户自定义	控件的名称
readonly	readonly	控件内容为只读（不可编辑修改）
disabled	disabled	加载页面时禁用该控件（显示为灰色）
autofocus	autofocus	页面加载后是否自动获取焦点
cols	正整数	文本区域内可见列数
rows	正整数	文本区域内可见行数

例3-1-2 textarea元素的使用。

```
<!DOCTYPE html>
<html>
    <head>
        <meta charset="utf-8">
        <title>textarea元素的使用</title>
    </head>
    <body>
        <form action="#" method="post">
            <h2>我的评论：</h2>
            <textarea name="comment" cols="50" rows="10">请文明发表评论......</textarea>
            <br />
            <input  type="submit" value="提交"/>
```

```
            </form>
        </body>
    </html>
```

程序运行结果如图3-1-6所示。

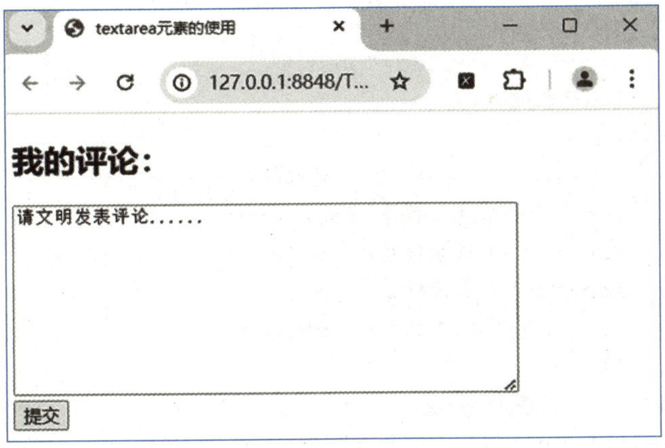

图 3-1-6　textarea 元素应用效果

温馨提示： 由于不同浏览器对cols和rows属性的理解不同，为了避免显示差异，在实际工作中，推荐使用CSS的width和height属性定义多行文本输入框的宽高。

2. select元素

在浏览网页时，经常会看到下拉菜单，如选择省份、民族等。在表单中，select元素可以实现下拉菜单的效果。其基本语法格式如下：

```
<select>
    <option>选择1</option>
    <option>选择2</option>
    <option>选择3</option>
</ select >
```

通常，<select>元素和<option>元素一起嵌套使用。<select>用于添加一个下拉菜单，<option>用于定义下拉菜单中的具体选项，每对<select>中应至少包含一对<option>。

在HTML5中，新增了<select>和<option>的常用属性，见表3-1-5。

表 3-1-5　<select> 和 <option> 的常用属性

标　签　名	属　　性	属　性　值	属　性　说　明
<select>	size	正整数	指定下拉菜单的可见选项
	multiple	multiple	定义下拉菜单可进行多选（按住【Ctrl】键选择多个选项）
<option>	selected	selected	指定默认选中项

例3-1-3　select元素的使用。

```
<!DOCTYPE html>
```

```
2   <html>
3       <head>
4           <meta charset="utf-8">
5           <title>select元素的使用</title>
6       </head>
7       <body>
8           <form action="#" method="post">
9               <h2>1、所在院系</h2>
10              <select>
11                  <option selected>--请选择--</option>
12                  <option>信息工程系</option>
13                  <option>工程管理系</option>
14                  <option>艺术设计系</option>
15                  <option>机电工程系</option>
16              </select>
17              <h2>2、主修课程</h2>
18              <select multiple size="4">
19                  <option>高等数学</option>
20                  <option>大学英语</option>
21                  <option>Web前端开发</option>
22                  <option>Python语言程序设计</option>
23                  <option>C语言程序设计</option>
24                  <option>人工智能导论</option>
25                  <option>数据库原理</option>
26              </select>
27          </form>
28      </body>
29  </html>
```

在本例中，第10～16行定义了一个单选的下拉菜单，第18～26行定义了一个多选下拉菜单，并且默认显示4个选项，网页效果如图3-1-7所示。

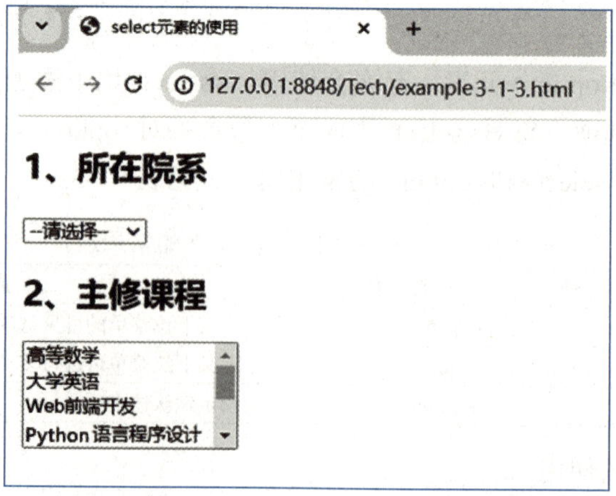

图 3-1-7　select 元素的使用

3. datalist元素

datalist元素用于定义输入框的选项列表，列表通过嵌套的<option>元素进行创建，此外，也支持用户自行输入其他内容。datalist常与input配合使用来确定input控件的取值，二者需要通过id属性进行关联。

例3-1-4　datalist元素的使用。

```
<!DOCTYPE html>
<html>
    <head>
        <meta charset="utf-8">
        <title>datalist元素的使用</title>
    </head>
    <body>
        <form action="#" method="post">
            <h2>请输入昵称：</h2>
            <input name="nickname" type="text" list="nnlist"/>
            <datalist id="nnlist">
                <option>Lily</option>
                <option>Lucy</option>
                <option>Jack</option>
                <option>Jimmy</option>
            </datalist>
        </form>
    </body>
</html>
```

程序运行结果如图3-1-8所示。

图 3-1-8　datalist 元素的使用

视 频

任务进阶实现

二、进阶案例

设计并制作“航天知识”主题答题网站的登录界面，网页效果如图3-1-9所示。当用户输入登录信息时，效果如图3-1-10所示。

图 3-1-9　“航天知识”主题竞赛网站登录系统

图 3-1-10　用户输入登录信息时的效果

课后练习

一、填空题

1. 在 HTML 中可以 <input> 标签有多个属性，其中________属性为最基本的属性，用于指定不同的控件类型。

2. <form>…</form> 标签之间的表单控件是由用户自定义的，________、________和 name 是

<form> 的常用属性。

3. 如果要设置一个邮箱输入框，则 <input> 标签的 type 属性应取值为________。

4. 如果要设置一个文本输入框最多输入几个字符，则应使用 <input> 标签的________属性。

二、选择题

1. 下面关于表单的叙述错误的是（　　）。

   A. 表单是用户与网站实现交互的重要手段　B. 表单可以收集用户的信息

   C. 表单是网页上的一个特定区域　D. 表单是由一对 <table> 标记组成的

2. 要创建一个单行文字输入框，以下可以实现该要求的代码是（　　）。

   A. <input type="radio">　B. <input type="text">

   C. <input type="checkbox">　D. <input type="number">

3. 在制作注册登录网页时，实现密码输入框时，<input> 标记的 type 取值应为（　　）。

   A. radio　B. password　C. image　D. file

4. 下列选项中，用来定义下拉列表的是（　　）。

   A. <input/>　B. <textarea></textarea>

   C. <select></select>　D. <form></form>

5. HTML5 中，用于指定页面加载后是否自动获取焦点的 input 属性是（　　）。

   A. form 属性　B. autofocus 属性　C. multiple 属性　D. autocomplete 属性

三、判断题

1. 表单的提交方式有 2 种，分别是 get 和 post，且 get 方式的保密性较好。（　　）

2. 在 <textarea> 表单控件中，rows 用来定义多行文本输入框显示的行数。（　　）

3. 在表单中，name 属性用于指定表单的名称，以区分同一个页面中的多个表单。（　　）

4. multiple 属性指定输入框不能选择多个值，该属性仅适用于 email 和 file 类型的 input 元素。（　　）

任务二　制作航天新闻页面

任务目标

素质目标：

- 培养学生的爱国精神、科技自豪感。
- 培养学生的职业素养和勇于探索的精神。

知识目标：

- 熟悉HTML5多媒体的特性。
- 了解HTML5支持的音频和视频格式。
- 掌握HTML5中添加网页音频、视频的标签及其相关属性。

能力目标：

- 能够在页面中添加音频、视频文件并进行常规操作。

知识准备

随着网络的快速发展，音频、视频已成为网页设计中另一常见的元素，比起静态的文字和图像，音视频元素可以更快速地引起用户的注意，给用户提供更直观丰富的信息，如图3-2-1所示。本任务是制作一个航天新闻页面，将对音频和视频的使用方法进行详细讲解。

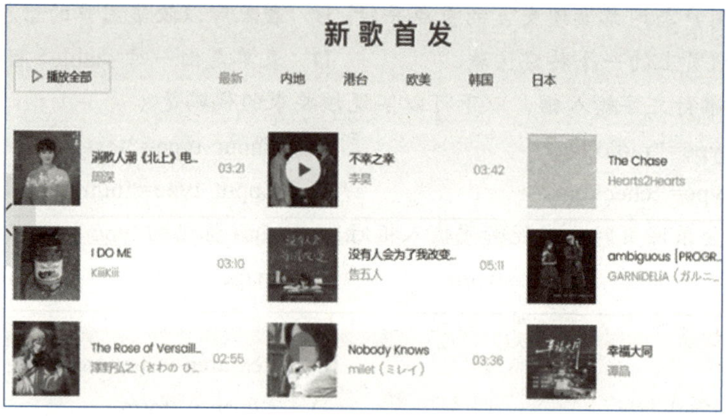

（a）音频

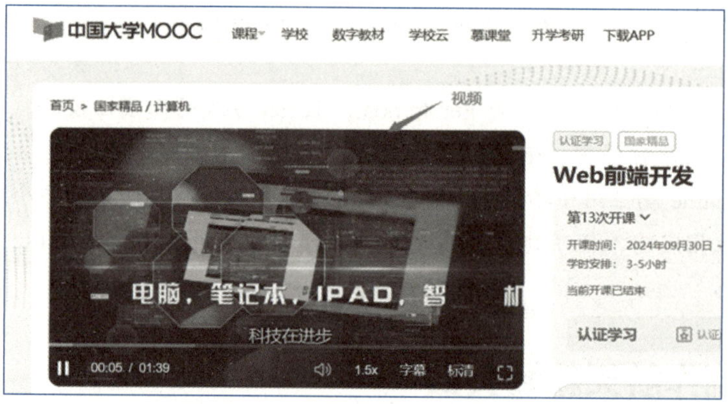

（b）视频

图 3-2-1　网页上常见的音频和视频

一、HTML5多媒体特性

视频

多媒体文件介绍

在HTML5问世之前，音频、视频在网页中的呈现并没有一种统一的方式。如果要在网页中嵌入音频、视频多媒体文件，则大多需要通过第三方插件或者自主开发的播放器。使用最多的工具是Adobe公司的FlashPlayer插件，使用时用户需要在浏览器上安装此插件。

通过这样的方式插入音视频，不仅需要安装第三方插件，而且实现代码冗长，解析速度非常慢，而且安全漏洞较多。HTML5中新增的<audio>标签和<video>标签有效改变了这一状况。在HTML5语法中，<audio>标签用于为页面添加音频，<video>标签用于为页面添加视频，这样用户可省去下载安装第三方插件，直接观看网页中的多媒体内容。

二、常见多媒体格式

使用HTML5中的多媒体控件插入音频、视频文件时，还需要设置正确的多媒体格式，以下为HTML5中常用的一些多媒体格式。

1. 视频格式

在HTML5中使用的视频格式主要包括Ogg、MP4、WebM等。

① MP4：指采用MPEG4编码标准的视频文件，其文件扩展名为.mp4，是目前最流行的视频格式。

② Ogg：是一种新的音频、视频文件格式，完全免费开放且无专利限制，同时Ogg文件能够将音频编码和视频编码进行混合封装。

③ WebM：是一个开放、免费的视频文件格式，其文件扩展名为.webm。其视频质量与MP4格式比较接近，因此用户也越来越多。

2. 音频格式

在HTML5中嵌入的音频格式主要包括Vorbis、MP3、Wav等。

① Vorbis：是类似AAC的另一种免费、开源的音频编码，是用于替代MP3的下一代音频压缩技术。

② MP3：是一种音频压缩技术，其全称是动态影像专家压缩标准音频层面3（Moving Picture Eperts Group Audio Layer Ⅲ），简称为MP3，文件扩展名为.mp3。它被设计用来大幅度地降低音频数据量，而压缩后的音频、音质与未压缩的音频相比没有明显的下降。

③ Wav：是录音时用的标准的Windows文件格式，文件的扩展名为.wav，数据本身的格式为PCM或压缩型，属于无损音乐格式的一种。

视 频

音频和视频标签

三、嵌入视频

在HTML5中使用<video>标签嵌入视频文件，语法格式如下：

```
<video src="视频文件路径"  controls="controls" > </ video>
```

其中，src属性用于指定要播放的视频文件的路径，该路径可以是本地视频文件路径，也可以是视频文件的网络地址。controls属性用于控制视频的播放控件，能够控制视频的播放、暂停、进度、音量控制、全屏等功能。这两个属性是<video>标签的基本属性。另外，还可以在<video>…</video>之间插入文字，当浏览器不支持视频文件播放时，可以显示该文字。<video>标签的其他属性见表3-2-1。

表 3-2-1　<video> 标签的相关属性

属　性	属　性　值	属 性 说 明
src（必填）	URL 地址	视频文件的路径
controls	controls	显示视频播放控制面板
autoplay	autoplay	视频准备就绪后自动播放
width	像素值	设置视频播放器的宽度
height	像素值	设置视频播放器的高度
loop	loop	启用视频循环播放
preload	preload	视频在页面加载时进行加载，并预备播放；如果使用了 autoplay，则忽略该属性
poster	URL 地址	当视频缓冲不足时，该属性链接一个图像，并将该图像按照一定比例显示出来

例 3-2-1　<video>标签的应用。

```
<!DOCTYPE html>
<html>
    <head>
        <meta charset="utf-8">
        <title>video标签的应用</title>
    </head>
    <body>
    <video src="video/fashe.mp4" controls  width="800px" height="500px">浏览器不支持video元素</video>
    </body>
</html>
```

程序运行结果如图3-2-2所示。

图 3-2-2　<video> 标签的应用

四、嵌入音频

在HTML5中使用<audio>标签嵌入音频文件，语法格式如下：

```
<audio  src="音频文件路径"  controls="controls" > </ audio>
```

其中，src属性用于设置音频文件的路径，controls属性为音频提供播放控件，这两个属性和<video>标签的属性类似。同样，也可以在< audio >…</ audio >之间插入文字，当浏览器不支持音频文件播放时，可以显示该文字。< audio >标签的其他属性见表3-2-2。

表 3-2-2　<audio> 标签的相关属性

属　性	属 性 值	属 性 说 明
src（必填）	URL 地址	音频文件的路径
controls	controls	显示音频播放控制面板
autoplay	autoplay	音频准备就绪后自动播放
width	像素值	设置音频播放器的宽度
height	像素值	设置音频播放器的高度
loop	loop	启用音频循环播放
preload	preload	音频在页面加载时进行加载，并预备播放；如果使用了autoplay，则忽略该属性

由表3-1-2可以看出，audio标签的属性和video标签是相同的，这些相同的属性在嵌入音频、视频时是一样的。

例 3-2-2　<audio>标签的应用。

```
<!DOCTYPE html>
<html>
    <head>
        <meta charset="utf-8">
        <title>audio标签的使用</title>
    </head>
    <body>
        <audio src="audio/Here We Are Again.mp3" controls="controls">浏览器不支持该标签</audio>
    </body>
</html>
```

程序运行结果如图3-2-3所示。

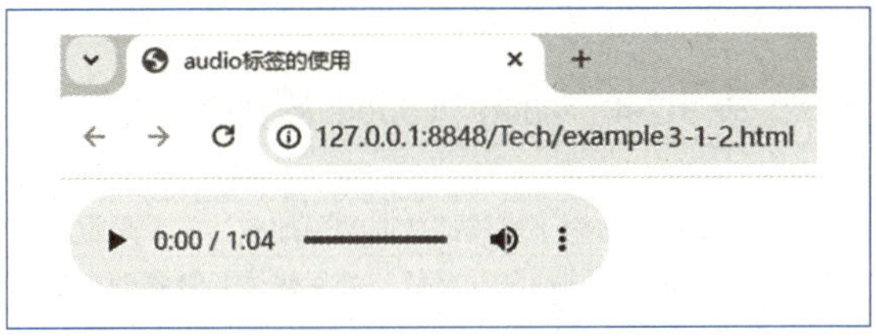

图 3-2-3　audio 标签的应用

五、音频、视频中的<source>标签

前面讲到，<video>标签支持Ogg、MPEG4、WebM这3种视频格式，<audio>标签支持Vorbis、MP3、Wav这3种音频格式，但是各个浏览器对这些音频、视频格式却不完全支持，具体见表3-2-3。

表 3-2-3　常见视频格式

多媒体类型	文件格式	浏览器			
		Microsoft Edge 126.0	Chrome 126.0	Firefox 128.0	Safari 12.0
视频	Ogg	—	支持	支持	—
	MPEG4	支持	支持	—	支持
	WebM	—	支持	支持	—
音频	Voribis	—	支持	支持	—
	MP3	支持	支持	—	支持
	WAV	—	—	支持	支持

为了使音频、视频文件能够在各个浏览器中正常播放，往往需要准备多种格式的音频、视频文件。因此，HTML5提供了<source>标签，为audio和video标签提供多个备用文件，浏览器将使用第一种可识别的格式。其语法格式如下：

插入视频文件：

```
<video controls height="240" width="320">
```

```
    <source src="video/fashe.mp4" type="video/mp4"/>
    <source src="video/fashe.ogg" type="video/ogg"/>
    您的浏览器不支持该格式的视频
</video>
```

插入音频文件：

```
<audio controls="controls">
    <source src="audio/Here We Are Again.mp3" type="video/mpeg"/>
    <source src="audio/Here We Are Again.wav" type="video/wav"/>
    您的浏览器不支持该格式的音频
</ audio >
```

六、音频、视频的DOM操作

1. video和audio元素的方法

HTML5为视频（video）和音频（audio）提供了丰富的DOM操作方法。video和audio标签的使用方法相似，因此它们的接口方法和事件也基本相同，见表3-2-4。

表 3-2-4　video 和 audio 标签的方法

方法名	说明
load()	加载媒体文件，为播放做准备。常用于媒体播放前的预加载，或者是重新加载文件
play()	播放媒体文件。如果文件未加载，则加载并播放；如果媒体是暂停的，则进行播放
pause()	媒体文件暂停播放
canPlayType()	测试浏览器是否支持指定的媒体类型

2. video和audio元素的事件

HTML5还为video和audio元素提供了一系列的接口事件，在读取或播放媒体文件时，会触发一系列事件，具体见表3-2-5。

表 3-2-5　video 和 audio 标签的事件

事件	说明
play	当媒体开始播放时触发
playing	正在播放时触发
pause	当媒体暂停时触发
timeupdate	当播放位置发生改变时触发
ended	当播放结束后停止播放时触发
waiting	等待加载下一帧时触发
ratechange	当媒体的播放速度更改时触发
volumechange	当媒体音量更改时触发
canplay	当浏览器可以播放媒体时触发
canplaythrough	当浏览器可在不因缓冲而停顿的情况下进行播放时触发
durationchange	当媒体的时长更改时触发
loadstart	当浏览器开始查找媒体时触发
progress	当浏览器正在下载媒体时触发
suspend	当浏览器刻意不获取媒体数据时触发
abort	当已放弃媒体加载时触发
error	当媒体加载期间发生错误时触发

续表

事　件	说　明
emptied	当目前的播放列表为空时触发
stalled	当浏览器尝试获取媒体数据，但数据不可用时触发
loadedmetadata	当浏览器已加载媒体的元数据时触发
seeked	当用户已移动/跳跃到媒体中的新位置时触发
seeking	当用户开始移动/跳跃到媒体中的新位置时触发

表3-1-5中的这些事件需要配合JavaScript脚本一起使用，才能进行媒体的相应操作。有关JavaScript脚本的内容将在项目四中进行介绍。

视 频

任务实施

任务实施

一、页面效果

本任务将设计并制作一个“航天新闻”页面，网页效果如图3-2-4所示。

图 3-2-4　航天新闻网页效果图

二、任务要求

① 按照效果图3-2-4完成航天新闻页面的制作，页面布局如图3-2-5所示。

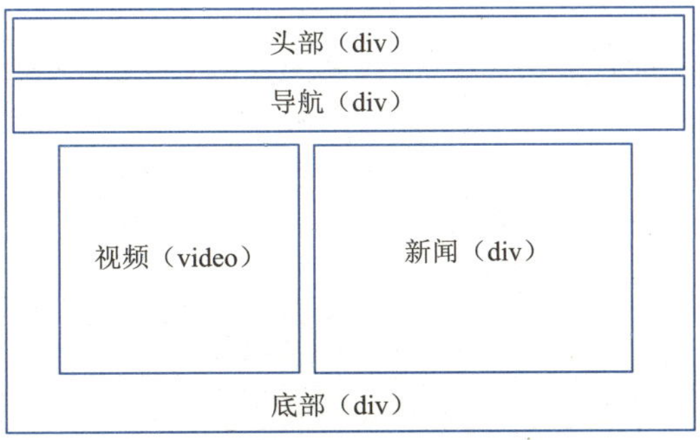

图 3-2-5　航天新闻页面布局

② 当鼠标指针移入导航按钮时，该区域背景颜色发生改变。

③ 当鼠标移入新闻标题时，标题颜色变为蓝色。

三、实施步骤

① 新建new.html，将网页标题栏内容设置为“航天新闻网”。

② 参考网页布局图3-1-5，将网页分为头部、导航、内容、底部四部分，分别使用4个div进行布局。其中，头部使用flex弹性盒布局分为左右两部分，分别放置logo和搜索框；导航使用浮动效果，设置6个导航按钮；内容使用flex弹性盒布局分为左右两部分，分别放置新闻内容；底部为基本文字。

③ 新建new.css文件，对网页进行样式设置，并用<link>标签引入该样式文件。

四、代码实现

new.html文件代码如下：

```
<!DOCTYPE html>
<html>
    <head>
        <meta charset="utf-8">
        <meta name="keywords" content="航天 中国 科技"/>
        <meta name="description" content="航天新闻">
        <title>航天新闻网</title>
        <link href="news.css" rel="stylesheet" type="text/css">
    </head>
    <body>
        <!--头部-->
        <div class="top">
            <div class="logo"><img width="500" src="image/logo1.png" /></div>
            <div class="search">
                <input placeholder="请输入关键词" />
                <button>搜索</button>
            </div>
        </div>
        <!--导航-->
        <div class="nav">
            <ul>
                <li><a href="#" class="no1 choose">网站首页</a></li>
                <li><a class="no1">新闻早知道</a></li>
                <li><a class="no1">中国航天</a></li>
                <li><a class="no1">航天文化</a></li>
                <li><a class="no1">航天知识</a></li>
                <li><a class="no1">人物故事</a></li>
            </ul>
        </div>
        <!--内容-->
        <div class="content">
            <div class="bannerleft">
```

```
33              <video src="video/fashe.mp4" poster="image/发射.jpeg" width="800px" controls></video>
34              <div class="title miaoshu">神州十八号载人飞船震撼升空</div>
35          </div>
36          <div class="bannerright">
37              <div class="title tuijian">新闻头条</div>
38              <div class="tj">
39                  <a href="#" class="title"><img src="image/标签.png" align="middle">  热烈庆祝长征三号乙火箭发射超百次</a>
40                  <div class="date" align="right">2024-12-03</div>
41              </div>
42              <div class="tj">
43                  <a href="#" class="title"><img src="image/标签.png" align="middle">  航天小课堂|世界睡眠日，空间站里的神奇睡眠</a>
44                  <div class="date" align="right">2024-03-21</div>
45              </div>
46              <div class="tj">
47                  <a href="#" class="title"><img src="image/标签.png" align="middle">  世界首次！嫦娥六号完成月球背面采样并返回</a>
48                  <div class="date" align="right">2024-06-25</div>
49              </div>
50              <div class="tj">
51                  <a href="#" class="title"><img src="image/标签.png" align="middle">  太空实验室|空间站里进行“人工”光合作用</a>
52                  <div class="date" align="right">2025-01-18</div>
53              </div>
54              <div class="tj">
55                  <a href="#" class="title">卫星发射新闻收听 </a>
56                  <audio src="audio/卫星发射.mp3" controls></audio>
57              </div>
58          </div>
59      </div>
60      <!--底部-->
61      <div class="foot">
62          <p>版权所有</p>
63      </div>
64    </body>
65  </html>
```

在上述代码中，使用div对网页整体进行布局，其中21～28行导航部分使用了无序列表ul，第33行使用新标签<video>展示了视频播放功能，第56行使用新标签<audio>展示了音频播放功能。

搭建完页面结构后，下面使用CSS对页面的样式进行修饰。采用从整体到局部的方式实现图3-2-4所示的效果。new.css文件代码如下：

```
/*重置浏览器的默认样式*/
```

```
body, ul, li, p, img {margin:0; padding:0; border:0; list-style:none;}
/*全局控制*/
body{font-family:Arial, Helvetica, sans-serif,"宋体"; font-size:12px;
background:url(image/bg1.jpg);}
.title{font-family:"黑体"; font-size:15pt;}
/* top */
.top{
    display:flex;
    flex-direction:row;
    margin-top:10px;}
.top.logo{
    width:500px;
    margin-left:300px;
    height:100px;}
.top.search{
    width:500px;
    margin-left:200px;
    height:100px;
    padding-top:20px;
    box-sizing:border-box;}
.search input{
    border:solid #ccc 1px;
    height:50px;
    width:250px;
    border-radius:10px 0px 0px 10px;}
.search button{
    height:50px;
    width:80px;
    border-radius:0px 10px 10px 0px;
    border:none;
    background-color:red;
    color:white;}
/*nav*/
.nav{
    margin:9px 0px 0px 0px;
    padding:0px;
    width:100%;
    height:40px;
    line-height:40px;
    vertical-align:middle;
    text-align:left;
    background-color: #2685b1;}
.nav ul{
    height:40px;
```

```
    width:980px;
    color:#ffffff;
    margin:0 auto;}
.nav ul li{
    width:150px;
    height:40px;
    float:left;
    position:relative;}
.nav ul li:hover{
    background-color:#185873;
    cursor: pointer;}
.nav ul a:link,.nav ul a:visited{
    color:#fff;}
.nav ul a:hover{
    color:#ffff7f;}
.nav ul li a{
    width:150px;
    height:40px;
    line-height:40px;
    text-align:center;
    position:absolute;
    top:0;
    left:0;
    font-size:18px;
    font-family:"黑体";
    text-decoration: none;}
 /*nav*/
 /* content */
 .content{
    width:1400px;
    margin:0 auto;
    margin-top:5px;
    display:flex;
    flex-direction:row;}
.bannerleft{
    width:800px;}
.bannerleft.miaoshu{
    height:40px;
    line-height:40px;
    width:100%;
    border:solid #ccc 2px;
    border-bottom:solid #2685b1 2px;}
.bannerright{
    flex:1;
```

```
90      margin-left:10px;
91      background-color:white;}
92  .bannerright.tuijian{
93      width: 100px;
94      background-color:#185873;
95      color:yellow;
96      height:40px;
97      line-height:40px;
98      text-align:center;
99      border-radius:0 20px 20px 0;
100     margin-top:15px;
101 font-weight:bold;}
102 .bannerright.tj{
103     width:80%;
104     height:80px;
105     border-bottom:solid #ccc 1px;
106     margin:8px auto;
107     padding-top:20px;
108     box-sizing:border-box;}
109 .tj a:link,.tj a:visited{
110     text-decoration: none;
111     color:black;}
112 .tj a:hover{
113     color:#2685b1;}
114 .tj .date{
115     margin-top: 10px;
116     color: #a1a1a1;}
117 /* foot */
118 .foot{
119     color:#fff;
120     width:100%;
121     height:70px;
122     line-height:70px;
123     text-align:center;
124     background-color:#2685b1;
125     font-size:12pt;
126     margin-top:10px;}
```

代码分析：

第9行和第78行使用了弹性盒布局flex实现项目的左右排列；css样式代码中多次使用box-sizing: border-box; 控制盒子大小不受内外边距及边框的影响，这是在网页布局中需要重点注意的地方。第57行和第109行对超链接进行伪类设置时。

至此，刷新new.html页面，完成航天新闻页面制作。

视　频

任务进阶实现

进阶训练

设计并制作城市宣传片网页，要求网页加载后自动播放第一个视频，同时文字变为黄色。网页效果如图3-2-6所示。

图 3-2-6　城市宣传片效果图

课后练习

一、填空题

1. 在 <video> 标签中，________属性是必填属性，用来设置视频文件的路径。
2. ________标签用于为网页添加音频。
3. 如果设置网页加载后视频自动播放，则应该设置________属性，取值为________。
4. 如果设置网页加载后视频循环播放，则应该设置________属性，取值为________。

二、选择题

1. 关于 <video> 标签以下叙述错误的是（　　）。

   A. <video> 标签是一个视频标签

   B. <video> 标签使用 loop 属性设置多媒体文件的循环播放功能

   C. <video> 标签是一个音频标签

   D. 在 <video>…<video> 标签之间可以插入文字

2. 下列选项不属于 <audio> 标签属性的是（　　）。

   A. autoplay　　B. loop　　C. preload　　D. poster

3. 给网页插入视频后，想要显示视频播放控制面板，则应设置的属性是（　　）。

   A. src　　B. loop　　C. autoplay　　D. controls

项目四
知地理——制作天气预报网站

项目描述

在快速变化的数字时代，准确及时的天气信息对人们的日常生活、出行规划乃至农业生产至关重要。同时，天气预报关乎民生福祉，强调服务社会的责任感与使命感，促使人们关注环境保护与可持续发展。通过天气预报，我们学会尊重自然、关爱社会，培养科学精神与人文关怀并重的价值观。

本项目围绕天气预报这一主题，利用HTML、CSS、JavaScript等前端技术，制作天气预报查询网页。在开发过程中，学生将学会如何设计用户友好界面，并思考如何通过技术促进人们对气候变化的关注与行动。

知识图谱

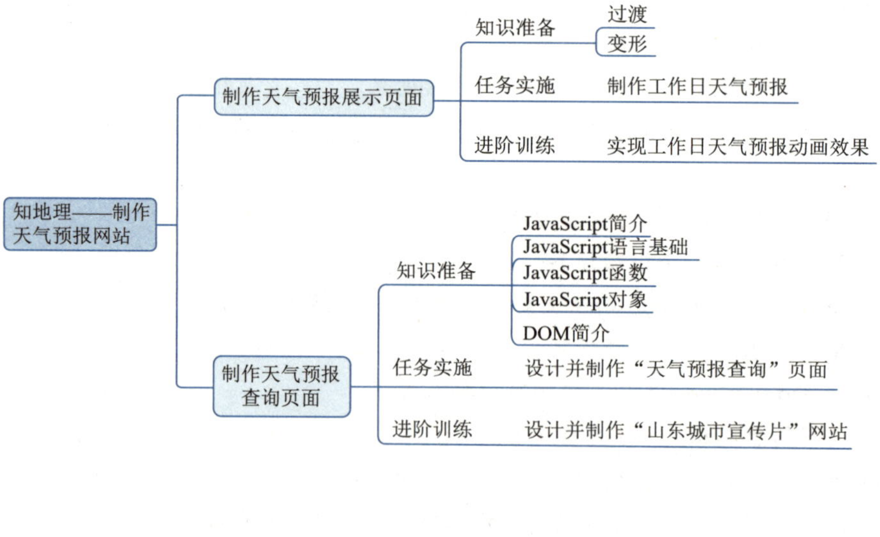

任务一　制作天气预报展示页面

任务目标

素质目标：

- 培养学生创新思维和审美能力。
- 培养学生注重细节和质量意识。
- 培养学生良好的团队合作精神和沟通能力。

知识目标：

- 理解过渡属性，能够控制过渡时间、动画快慢等常见过渡效果。
- 掌握CSS3中的变形属性，能够制作2D转换、3D转换效果。
- 掌握CSS3中的动画，能够熟练制作网页中常见的动画效果。

能力目标：

- 能够根据设计需求，选择合适的CSS过渡属性，实现元素状态的平滑过。
- 能够灵活运用CSS变形函数，对元素进行2D或3D变换，创造出动态且吸引人的视觉效果。
- 能够使用关键帧定义复杂的动画序列，控制动画的播放速度、延迟、迭代次数和方向等。

知识准备

一、过　渡

视 频

过渡效果的实现

CSS3提供了强大的过渡属性，它可以在不使用JavaScript脚本的情况下，为元素从一种样式转变为另一种样式时添加效果，如渐显、渐弱、动画快慢等。在CSS3中，过渡属性主要包括transition-property、transition-duration、transition-timing-function、transition-delay，下面分别对这些过渡属性进行详细讲解。

1. transition-property属性

transition-property 属性用于指定应用过渡效果的CSS属性的名称，其过渡效果通常在用户将指针移动到元素上时发生。当指定的CSS属性改变时，过渡效果才开始。其基本语法格式如下：

```
transition-property: none | all | property;
```

transition-property 属性的取值说明见表4-1-1。

表 4-1-1　transition-property 属性

属性值	描述
none	没有属性会获得过渡效果
all	所有属性都将获得过渡效果
property	定义应用过渡效果的CSS属性名称，多个名称之间以逗号分隔

2. transition-duration属性

transition-duration 属性用于定义过渡效果花费的时间，默认值为 0，常用单位是秒（s）或者毫秒（ms）。其基本语法格式如下：

```
transition-duration:time;
```

3. transition-timing-function属性

transition-timing-function属性规定过渡效果的速度曲线，默认值为ease。其基本语法格式如下：

```
transition-timing-function:linear|ease|ease-in|ease-out|ease-in-out|cubic-bezier
(n,n,n,n);
```

从上述语法可以看出，transition-timing-function 属性的取值有很多，常见属性值及说明见表4-1-2。

表 4-1-2　transition-timing-function 属性

属　性　值	描　　述
linear	指定以相同速度开始至结束的过渡效果，等同于 cubic-bezier(0,0,1,1)）
ease	指定以慢速开始，然后加快，最后慢慢结束的过渡效果，等同于 cubic-bezier(0.25,0.1,0.25,1）
ease-in	指定以慢速开始，然后逐渐加快（淡入效果）的过渡效果，等同于 cubic-bezier(0.42,0,1,1）
ease-out	指定以慢速结束（淡出效果）的过渡效果，等同于 cubic-bezier(0,0,0.58,1）
ease-in-out	指定以慢速开始和结束的过渡效果，等同于 cubic-bezier(0.42,0,0.58,1）
cubic-bezier(n,n,n,n)	定义用于加速或者减速的贝塞尔曲线的形状，其值在0～1之间

4. transition-delay属性

transition-delay属性规定过渡效果何时开始，默认值为0，常用单位是秒（s）或者毫秒（ms）。transition-delay的属性值可以为正整数、负整数和0。当设置为负数时，过渡动作会从该时间点开始，之前的动作被截断；设置为正数时，过渡动作会延迟触发。其基本语法格式如下：

```
transition-delay:time;
```

例4-1-1　过渡属性的使用。

```
<!doctype html>
<html>
    <head>
    <meta charset="utf-8">
    <title>transition-timing-function属性</title>
    <style type="text/css">
        div{
            width:200px;
            height:200px;
            margin:0 auto;
            background-color:yellow;
            border:5px solid red;
            border-radius:0px;
        }
         div:hover{
             border-radius:105px;
             /*指定动画过渡的CSS属性*/
             transition-property:border-radius;
```

```
                    /*指定动画过渡的时间*/
                    transition-duration:5s;
                    /*指定动画过以慢速开始和结束的过渡效果*/
                    transition-timing-function:ease-in-out;
                    /*指定动画过开始时间*/
                    transition-timing-delay:2s
                }
            </style>
        </head>
        <body>
            <div></div>
        </body>
    </html>
```

在上述代码中，通过transition-property属性指定产生过渡效果的CSS属性为border-radius，并指定过渡动画由正方形变为正圆形。然后，使用transition-duration属性定义过渡效果需要花费5 s的时间，同时使用transition-timing-function属性规定过渡效果以慢速开始和结束。最后，使用transition-timing-delay属性指定过渡的动作会延迟2 s触发。

运行例4-1-1，当鼠标指针悬浮到网页中的<div>区域时，过渡的动作将会被触发，正方形将慢速开始变化，然后逐渐加速，随后慢速变为正圆形，效果如图4-1-1所示。

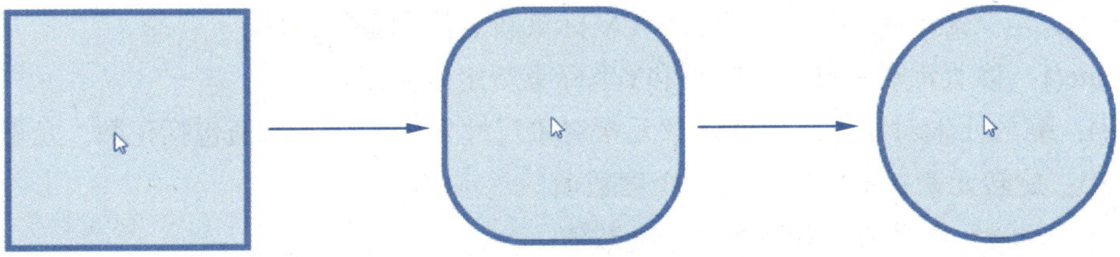

图 4-1-1　正方形逐渐过渡变为正圆形效果

5. transition属性

transition 属性是一个复合属性，用于在一个属性中设置 transition-property、transition-duration、transition-timing-function、transition-delay这4个过渡属性。其基本语法格式如下：

```
transition: property duration timing-function delay;
```

在使用transition属性设置多个过渡效果时，其各个参数必须按照顺序进行定义，不能颠倒。例如，例4-1-1中设置的4个过渡属性，可以直接通过如下代码实现。

```
transition:border-radius 5s ease-in-out 2s;
```

温馨提示： 无论是单个属性还是简写属性，使用时都可以实现多个过渡效果。如果使用transition简写属性设置多种过渡效果，需要为每个过渡属性集中指定所有的值，并且使用逗号进行分隔。

视 频

变形效果的实现

二、变　形

1. 认识transform

2012年9月，W3C组织发布了CSS3 变形工作草案，这个草案包括了CSS3 2D变形和CSS3 3D变形。

CSS3变形是一系列效果的集合，如平移、旋转、缩放和倾斜，每个效果都称作为变形函数，它们可以操控元素发生平移、旋转、缩放和倾斜等变化。这些效果在CSS3之前都需要依赖图片或JavaScript才能完成。现在，使用纯CSS3就可以实现这些变形效果，而无须加载额外的文件，极大地提高了网页开发者的工作效率，提高了页面的执行速度。

CSS3中的变形允许动态的控制元素，可以在网页中对元素进行移动、缩放、倾斜、旋转，或结合这些变形属性产生复杂的动画。通过CSS3 中的变形操作，可以让元素生成静态视觉效果，也可以结合过渡和动画属性产生一些新的动画效果。

CSS3的变形（transform）属性可以让元素在一个坐标系统中变形。这个属性包含一系列变形函数，可以进行元素的移动、旋转、缩放和倾斜。transform 属性的基本语法如下：

```
transform: none| transform-functions;
```

在上面的语法格式中，transform属性的默认值为none，适用于内联元素和块元素，表示不进行变形。transform-function用于设置变形函数，可以是一个或多个变形函数列表。

transform-function函数包括matrix()、translate()、scale()、rotate()和skew()等，具体说明如下：

① matrix()：定义矩形变换，即基于X和Y坐标重新定位元素的位置。

② translate()：移动元素对象，即基于和Y坐标重新定位元素。

③ scale()：缩放元素对象，可以使任意元素对象尺寸发生变化，取值包括正数、负数和小数。

④ rotate()：旋转元素对象，取值为一个度数值。

⑤ skew()：倾斜元素对象，取值为一个度数值。

2. 2D转换（平移、缩放、倾斜、旋转、更改变换中心点）

在CSS3中，使用transform属性可以实现变形效果，主要包括4种变形效果，分别是平移、缩放、倾斜和旋转。下面将分别针对这些变形效果进行讲解。

（1）平移

使用translate()函数能够重新定义元素的坐标，实现平移的效果。该函数包含两个参数值，分别用于定义X轴和Y轴坐标，其基本语法格式如下：

```
transform:translate (x-value,y-value);
```

其中，x-value指元素在水平方向上移动的距离，y-value指元素在垂直方向上移动的距离。如果省略了第二个参数，则取默认值0。当值为负数时，表示反方向移动元素。

在使用translate()函数移动元素时，基点默认为元素中心点，然后根据指定的X坐标和Y坐标进行移动，效果如图4-1-2所示。在该图中，实线表示平移前的元素，虚线表示平移后的元素。

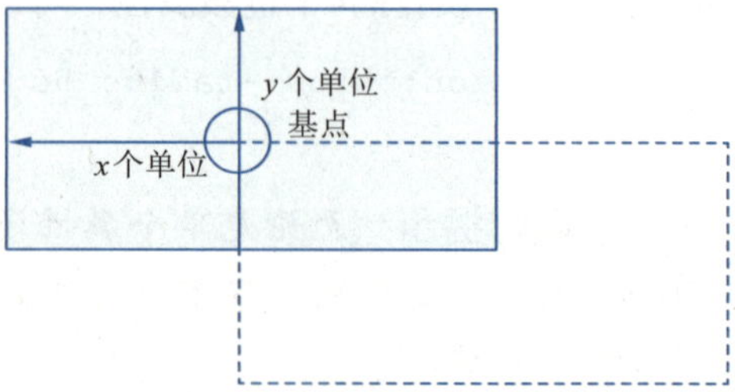

图 4-1-2　translate() 方法平移示意图

例4-1-2　translate()函数的使用。

```
<!doctype html>
<html>
    <head>
        <meta charset="utf-8">
        <title>translate()函数</title>
        <style type="text/css">
            div{
                width:100px;
                height:50px;
                background-color:#FF0;
                border:1px solid black;
            }
            #div2{
                transform:translate(100px,30px);
            }
        </style>
    </head>
    <body>
        <div>我是元素原来的位置</div>
        <div id="div2">我是元素平移后的位置</div>
    </body>
</html>
```

在例4-1-2中，使用<div>标记定义两个样式完全相同的盒子。然后，通过translate()函数将第二个<div>沿X坐标向右移动100像素，沿Y坐标向下移动30像素。

运行例4-1-2，效果如图4-1-3所示。

图 4-1-3　translate() 方法实现平移效果

（2）缩放

scale()函数用于缩放元素大小，该函数包含两个参数值，分别用来定义宽度和高度的缩放比例。元素尺寸的增加或减少，由定义的宽度（X轴）和高度（Y轴）参数控制。其基本语法格式如下：

```
transform:scale(x-axis, y-axis);
```

其中，x-axis和y-axis参数值可以是正数、负数和小数。正数值表示基于指定的宽度和高度放大元素。负数值不会缩小元素，而是翻转元素（如文字被反转），然后再缩放元素。如果第二个参数省略，则第二个参数等于第一个参数值。另外，使用小于1的小数可以缩小元素。scale()函数缩放示意图如图4-1-4所示，其中实线表示放大前的元素，虚线表示放大后的元素。

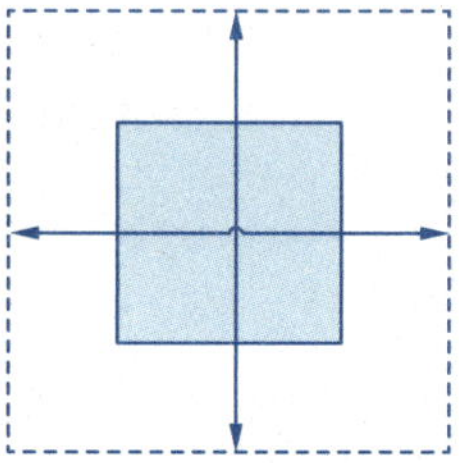

图 4-1-4　scale() 函数缩放示意图

例4-1-3　scale()函数的使用。

```
<!doctype html>
<html>
    <head>
        <meta charset="utf-8">
        <title>scale()函数</title>
        <style type="text/css">
            div{
                width:100px;
                height:50px;
                background-color:#FF0;
                border:1px solid black;
            }
            #div2{
                margin:100px;
                transform:scale(2,3);
            }
        </style>
    </head>
    <body>
        <div>我是原来的元素</div>
        <div id="div2">我是放大后的元素</div>
    </body>
</html>
```

在例4-1-3中，使用<div>标记定义两个样式完全相同的盒子。然后，通过scale()函数将第二个<div>的宽度放大两倍，高度放大三倍。

程序运行结果如图4-1-5所示。

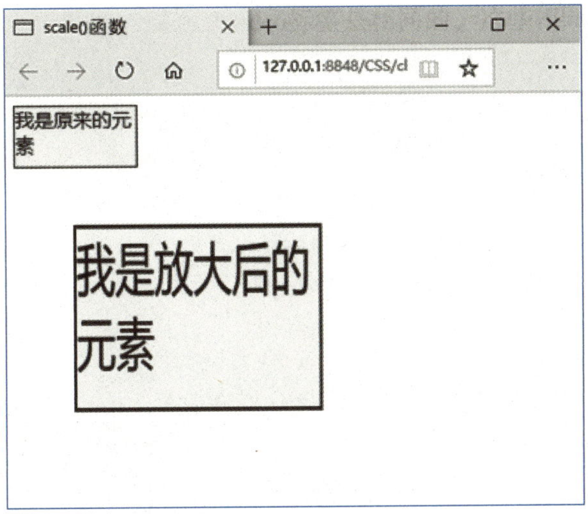

图 4-1-5　scale() 函数实现缩放效果

（3）倾斜

skew()函数能够让元素倾斜显示，该函数包含两个参数值，分别用来定义X轴和Y轴坐标倾斜的角度。skew()可以将一个对象围绕着X轴和Y轴按照一定的角度倾斜，其基本语法格式如下：

```
transform:skew(x-angle,y-angle);
```

其中，参数x-angle和y-angle表示角度值，第一个参数表示相对于X轴进行倾斜，第二个参数表示相对于Y轴进行倾斜，如果省略了第二个参数，则取默认值0。skew()函数倾斜示意图如图4-1-6所示。其中，实线表示倾斜前的元素，虚线表示倾斜后的元素。

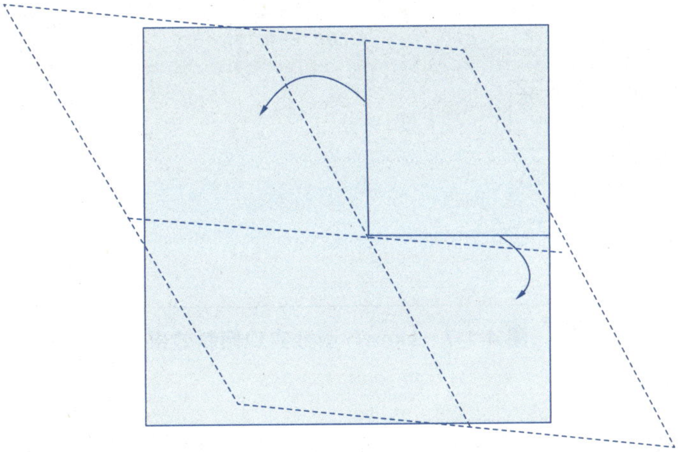

图 4-1-6　skew() 方法倾斜示意图

例 4-1-4　skew()方法的使用。

```
<!doctype html>
<html>
    <head>
```

```
        <meta charset="utf-8">
        <title>skew()函数</title>
        <style type="text/css">
            div{
                width:100px;
                height:50px;
                background-color:#FF0;
                border:1px solid black;
            }
            #div2{
                transform:skew(30deg,10deg);
            }
        </style>
    </head>
    <body>
        <div>我是原来的元素</div>
        <div id="div2">我是倾斜后的元素</div>
    </body>
</html>
```

在例4-1-4中，使用<div>标记定义了两个样式相同的盒子。并且，通过skew()函数将第二个<div>元素沿X轴倾斜30°，沿Y轴倾斜10°。

程序运行结果如图4-1-7所示。

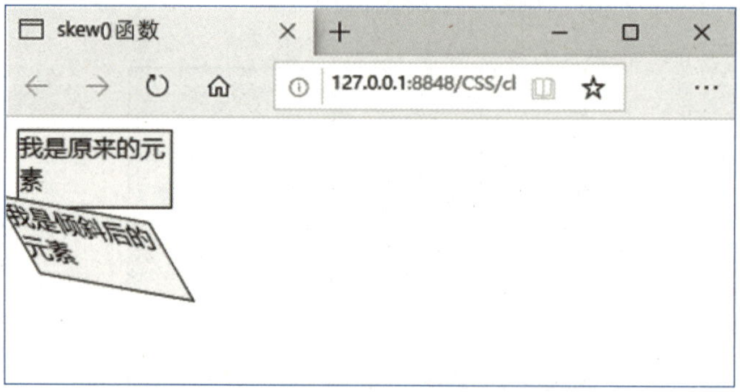

图 4-1-7　skew() 函数实现倾斜效果

（4）旋转

rotate()函数能够旋转指定的元素对象，主要在二维空间内进行操作。该函数中的参数允许传入负值，这时元素将逆时针旋转。其基本语法格式如下：

```
transform:rotate(angle);
```

其中，参数angle表示要旋转的角度值。如果角度为正数值，则按照顺时旋转，否则，按照逆时针旋转。rotate()函数旋转示意图如图4-1-8所示，其中，实线表示旋转前的元素，虚线表示旋转后的元素。

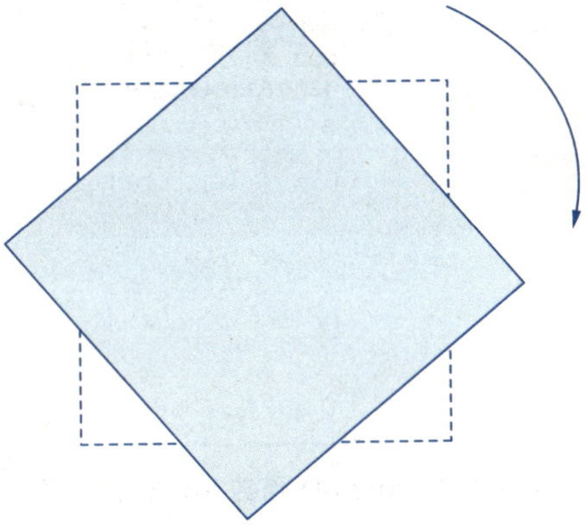

图 4-1-8 rotate() 函数旋转示意图

例4-1-5 rotate()方法的使用。

```
<!doctype html>
<html>
    <head>
        <meta charset="utf-8">
        <title>rotate()函数</title>
        <style type="text/css">
            div{
                width:100px;
                height:50px;
                background-color:#FF0;
                border:1px solid black;
            }
            #div2{
                transform:rotate(30deg);
            }
        </style>
    </head>
    <body>
        <div>我是元素原来的位置</div>
        <div id="div2">我是元素旋转后的位置</div>
    </body>
</html>
```

在例4-1-5中，使用<div>标记定义两个样式相同的盒子，并且通过rotate()函数将第二个<div>元素沿顺时针方向旋转30°。

程序运行结果如图4-1-9所示。

温馨提示： 如果一个元素需要设置多种变形效果，可以使用空格把多个变形属性值隔开。

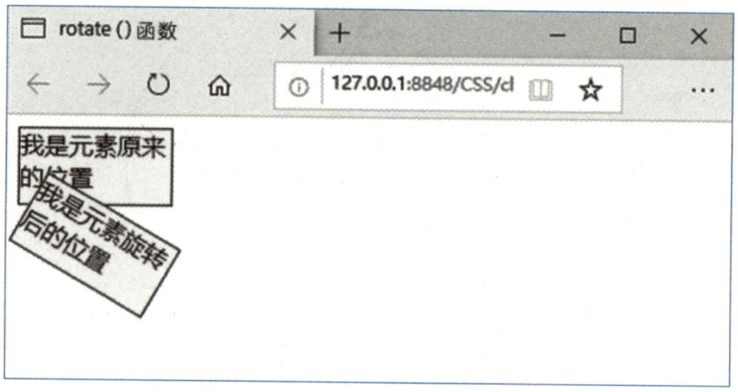

图 4-1-9　rotate() 函数实现旋转效果

（5）更改变换的中心点

通过transform属性可以实现元素的平移、缩放、倾斜及旋转效果，这些变形操作都是以元素的中心点为基准进行的。如果需要改变这个中心点，可以使用transform-origin 属性，其基本语法格式如下：

```
transform-origin: x-axis y-axis z-axis;
```

其中，transform-origin属性包含3个参数，其默认值分别为50%、50%、0。各参数的具体含义见表4-1-3。

表 4-1-3　transform-origin 参数说明

参　数	描　述
x-axis	定义视图被置于X轴的何处，可能的值为left、center、right、length、%
y-axis	定义视图被置于Y轴的何处，可能的值为top、center、bottom、length、%
z-axis	定义视图被置于Z轴的何处，可能的值为length

例 4-1-6　transform-origin属性的使用。

```
< !doctype html>
<html>
    head>
        <meta charset="utf-8">
        <title>transform-origin属性</title>
        <style>
            #div1{
                position:relative;
                width:200px;
                height:200px;
                margin:100px auto;
                padding:10px;
                border:1px solid black;
            }
            #box02{
                padding:20px;
                position:absolute;
                border:1px solid black;
```

```
                background-color: red;
                transform:rotate(45deg);          /*旋转45°*/
                transform-origin:20% 40%;         /*更改原点坐标的位置*/
            }
            #box03{
                padding:20px;
                position:absolute;
                border:1px solid black;
                background-color:#FF0;
                transform:rotate(45deg);          /*旋转45°*/
                }
        </style>
    </head>
    <body>
        <div id="div1">
            <div id="box02">更改原点坐标位置</div>
            <div id="box03">原来元素坐标位置</div>
        </div>
    </body>
</html>
```

在例4-1-6中，通过transform的rotate()函数将box02、box03盒子分别旋转45°。然后，通过transform-origin属性更改box02盒子原点坐标的位置。

程序运行结果如图4-1-10所示。

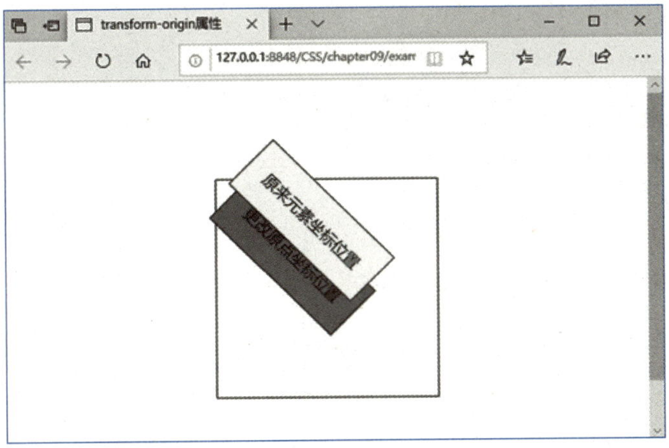

图 4-1-10　transform-origin 属性的使用

通过图4-1-10可以看出，box02、box03 盒子的位置产生了错位。两个盒子的初始位置相同，旋转角度相同，发生错位的原因是transform-origin 属性改变了box02盒子的旋转中心点。

3. 3D变形

前面已经学习了2D转换，主要包括如何让元素在平面上进行顺时针或逆时针旋转。其实，在3D变形中可以让元素围绕X轴、Y轴、Z轴进行旋转。下面将针对CSS3中的rotateX()、rotateY()函数进行具体讲解。

（1）rotateX()函数

rotateX()函数用于指定元素围绕X轴旋转，其基本语法格式如下：

```
transform:rotateX(a);
```

其中，参数a用于定义旋转的角度值，单位为deg，其值可以是正数也可以是负数。如果值为正，元素将围绕X轴顺时针旋转；如果值为负，元素将围绕X轴逆时针旋转。

例4-1-7 rotateX()函数的使用。

```
<!doctype html>
<html>
    <head>
        <meta charset="utf-8">
        <title>rotateX()函数</title>
        <style type="text/css">
            div{
                width:100px;
                height:50px;
                background-color:#FF0;
                border:1px solid black;
            }
            #div2{
                transform:rotateX(45deg);
            }
        </style>
    </head>
    <body>
        <div>元素原来的位置</div>
        <div id="div2">元素旋转后的位置</div>
    </body>
</html>
```

运行例4-1-7，元素将围绕X轴顺时针旋转45°，效果如图4-1-11所示。

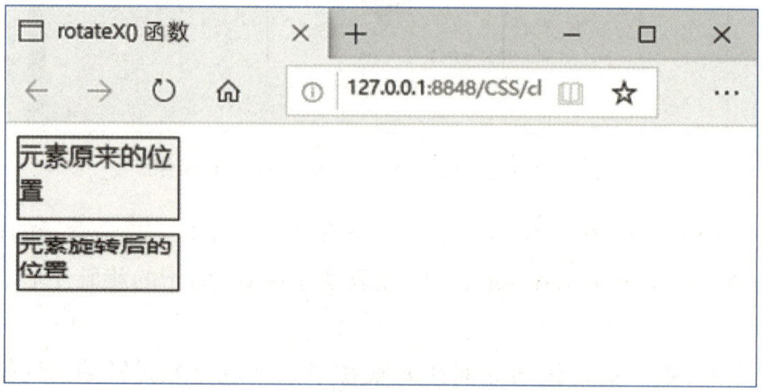

图 4-1-11 元素围绕 X 轴顺时针旋转

（2）rotateY()函数

rotateY()函数指定一个元素围绕Y轴旋转，其基本语法格式如下：

```
transform:rotateY(a);
```

其中，参数a用于定义旋转的角度。如果值为正，元素围绕Y轴顺时针旋转；如果值为负，元素围绕Y轴逆时针旋转。

接下来，在例4-1-7的基础上演示元素围绕Y轴旋转的效果。将例4-1-7中的第14～18行代码更改为：

```
transform:rotateY(45deg);
```

此时，刷新浏览器页面，元素将围绕Y轴顺时针旋转45°，效果如图4-1-12所示。

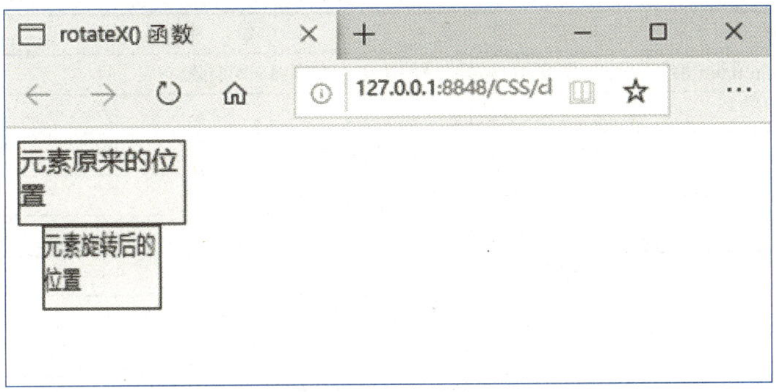

图 4-1-12　元素围绕 Y 轴顺时针旋转

温馨提示： rotateZ()函数和rotateX()函数、rotateY()函数功能一样，区别在于rotateZ()函数用于指定一个元素围绕Z轴旋转。如果仅从视觉角度上看，rotateZ()函数让元素顺时针或逆时针旋转，与rotate()效果等同，但它不是在2D平面上的旋转。

（3）translate3d()函数

在三维空间里，除了rotateX()、rotateY()和 rotateZ()函数可以让元素在三维空间中旋转之外，还有一个rotate3d()函数。在3D空间，3个维度也就是3个坐标，即长、宽、高。轴的旋转是围绕一个[x,y,z]向量并经过元素原点。其基本语法如下：

```
rotate3d(x,y,z,angle);
```

在上述语法格式中，各参数属性值的取值说明如下：

① x：代表横向坐标位移向量的长度。

② y：代表纵向坐标位移向量的长度。

③ z：代表Z轴位移向量的长度。此值不能是一个百分比值，否则将会视为无效值。

④ angle：角度值，主要用来指定元素在3D 空间旋转的角度，如果其值为正，元素顺时针旋转，反之元素逆时针旋转。

需要说明的是，在CSS3中包含很多转换的属性，通过这些属性可以设置不同的转换效果，具体属性见表4-1-4。

表 4-1-4　转换的属性

属性名称	描　述
transform	向元素应用2D或3D转换
transform-origin	允许改变被转换元素的位置
transform-style	规定被嵌套元素如何在3D空间中显示
perspective	规定3D元素的透视效果
perspective-origin	规定3D元素的底部位置
backface-visibility	定义元素在不面对屏幕时是否可见

另外，CSS3中还包含很多转换的方法，运用这些方法可以实现不同的转换效果，具体方法见表4-1-5。

表 4-1-5　转换的方法

方法名称	描　述
matrix3d(n,n,n,n,n,n,n,n,n,n,n,n,n,n,n,n)	定义3D转换，使用16个值的4×4矩阵
translate3d(x,y,z)	定义3D转换
translateX(x)	定义3D转换，仅使用用于X轴的值
translateY(y)	定义3D转换，仅使用用于Y轴的值
translateZ(z)	定义3D转换，仅使用用于Z轴的值
scale3d(x,y,z)	定义 3D 缩放转换
scaleX(x)	定义 3D 缩放转换，通过给定一个 X 轴的值
scaleY(y)	定义 3D 缩放转换，通过给定一个 Y 轴的值
scaleZ(z)	定义 3D 缩放转换，通过给定一个 Z 轴的值
rotate3d(x,y,z,angle)	定义 3D 旋转
rotateX(angle)	定义沿 X 轴的 3D 旋转
rotateY(angle)	定义沿 Y 轴的 3D 旋转
rotateZ(angle)	定义沿 Z 轴的 3D 旋转
perspective(n)	定义 3D 转换元素的透视视图

例4-1-8　转换的属性和方法的使用。

```
<!doctype html>
<html>
    <head>
    <meta charset="utf-8">
    <title>translate3D()函数</title>
        <style type="text/css">
            div{
                width:200px;
                height:200px;
                margin:50px auto;
                border:5px solid #000;
                position:relative;
                perspective:50000px;          /*规定3D元素的透视效果*/
                transform-style:preserve-3d;  /*规定被嵌套元素如何在3D空间中显示*/
                transition:all 1s ease 0s; /*设置过渡效果*/
```

```
            }
            div:hover{
                transform:rotateX(-90deg);        /* 设置旋转轴*/
            }
            div img{
                position: absolute;
                top:0;
                left:0;
            }
            div img.no1{
                transform:translateZ(100px);     /* 设置旋转轴*/
                z-index: 2;
            }
            div img.no2{
                transform:rotateX(90deg) translateZ(100px);   /* 设置旋转轴*/
            }
        </style>
    </head>
    <body>
        <div>
            <img class="no1"src="images/1.png"alt="1">
            <img class="no2"src="images/2.png"alt="2">
        </div>
    </body>
</html>
```

在例4-1-8中，通过perspective属性规定3D元素的透视效果，transform-style 属性规定元素在3D空间中的显示方式，并且分别针对<div>和<img>设置不同的旋转轴和旋转角度。

运行程序，默认效果如图4-1-13所示。鼠标移上时，<div>将沿着X轴逆时针旋转90°，转后的效果如图4-1-14所示。

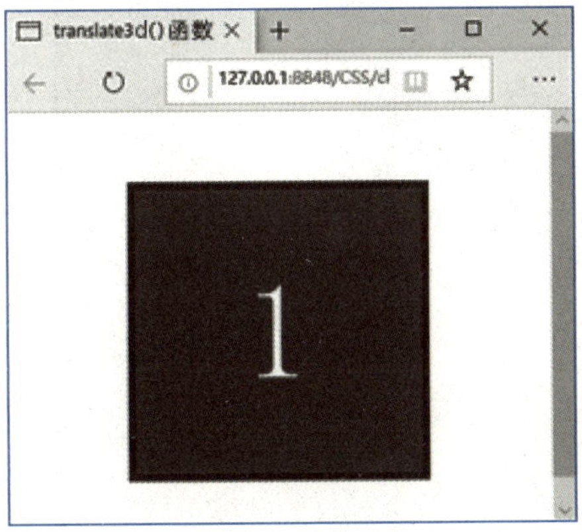

图 4-1-13　元素默认效果

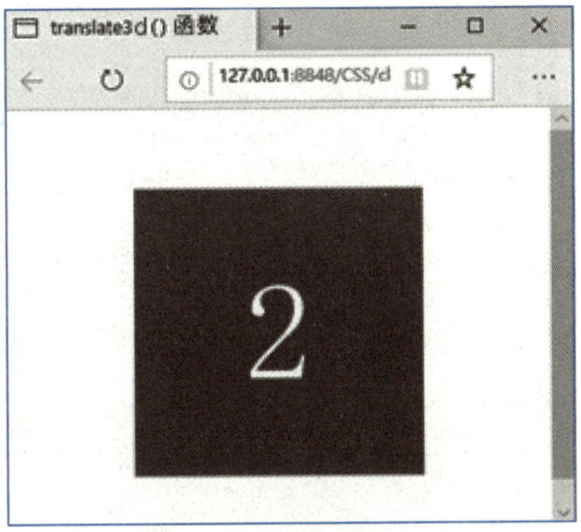

图 4-1-14　元素沿 X 轴逆时针旋转 90°效果

视 频

任务实施

任务实施

一、页面效果

本任务是制作工作日天气预报，网页效果如图4-1-15所示。

图 4-1-15　工作日天气预报主题页面

二、任务要求

按照效果图4-1-15完成设计工作日天气预报的主题页面，要求如下：

① 当鼠标移动到网页中的天气矩形框时，矩形框变为圆角矩形，效果如图4-1-16所示。

② 当鼠标移动到天气图标时，天气图标放大二倍，效果如图4-1-17所示。

图 4-1-16　矩形框变为圆角矩形

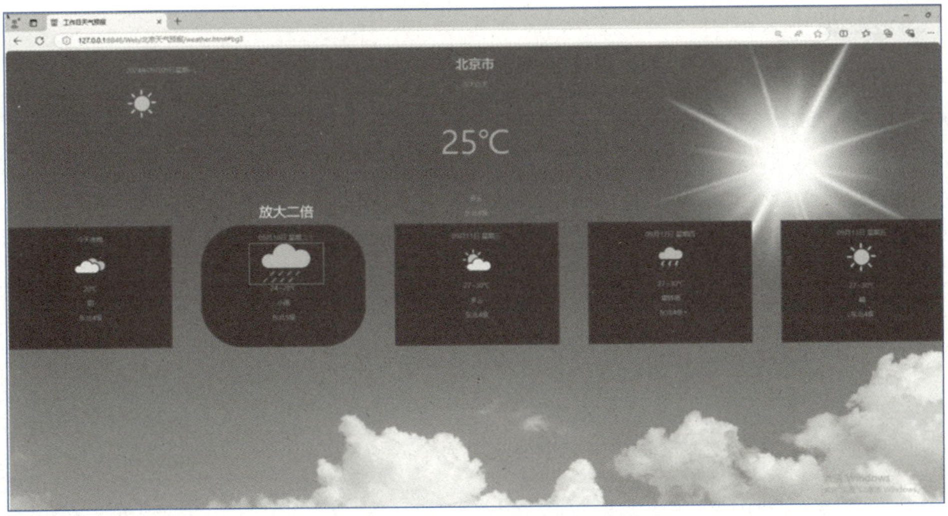

图 4-1-17　天气图标放大二倍

三、实施步骤

① 分析工作日天气预报网页布局，如图4-1-18所示。

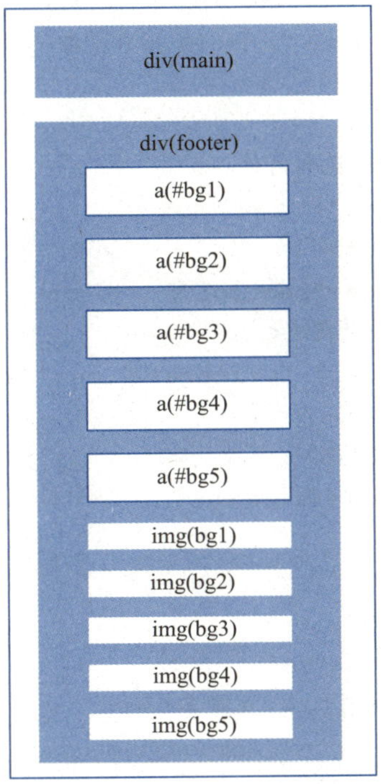

图 4-1-18　工作日天气预报页面结构图

② 新建weather.html，将网页标题栏内容设置为“工作日天气预报”，可以使用<div>标签控制页面整体效果。

③ 新建weather.css文件，对网页进行样式设置，并用<link>标签引入该样式文件。

四、代码实现

weather.html文件代码如下：

```
<!DOCTYPE html>
<html>
    <head>
        <meta charset="utf-8">
        <title>工作日天气预报</title>
        <link rel="stylesheet"type="text/css"href="./weather.css"/>
    </head>
    <body>

        <!--main 块元素 标记网页中的主要内容-->
        <div class="main">
            <h1 class="dq">北京市</h1>
            <p class="zt">今天白天</p>
            <p class="qw">25℃</p>
            <img src="./image/晴.png" alt="qing.png" class="st">
            <p class="zt">多云</p>
            <p class="zt">东北4级</p>
            <p class="day">2024年09月09日星期一</p>
        </div>

        <!--footer 网页中的尾部内容-->
        <div class="footer">
            <a href="#bg1">
                <div class="section">
                    <p>今天夜晚</p>
                    <img src="./image/阴.png" alt="">
                    <p>20℃</p>
                    <p>阴</p>
                    <p>东北4级</p>
                </div>
            </a>
            <a href="#bg2">
                <div class="section">
                    <p>09月10日 星期二</p>
                    <img src="./image/小雨.png" alt="">
                    <p>24~28℃</p>
                    <p>小雨</p>
                    <p>东北5级</p>
                </div>
            </a>
```

```
41              <a href="#bg3">
42                  <div class="section">
43                      <p>09月11日 星期三</p>
44                      <img src="./image/多云.png" alt="">
45                      <p>27~30℃</p>
46                      <p>多云</p>
47                      <p>东北4级</p>
48                  </div>
49              </a>
50              <a href="#bg4">
51                  <div class="section">
52                      <p>09月12日 星期四</p>
53                      <img src="./image/雷阵雨.png" alt="">
54                      <p>27~30℃</p>
55                      <p>雷阵雨</p>
56                      <p>东北4级</p>
57                  </div>
58              </a>
59              <a href="#bg5">
60                  <div class="section">
61                      <p>09月13日 星期五</p>
62                      <img src="./image/晴.png" alt="">
63                      <p>27~30℃</p>
64                      <p>晴</p>
65                      <p>东北4级</p>
66                  </div>
67              </a>
68          </div>
69          <img src="./image/bg阴.jpg" alt="周一" class="bg slideLeft" id="bg1" />
70          <img src="./image/bg小雨.jpg" alt="周二" class="bg slideBottom" id="bg2" />
71          <img src="./image/bg多云.jpg" alt="周三" class="bg zoomIn" id="bg3" />
72          <img src="./image/bg雷阵雨.jpg"alt="周四"class="bg zoomOut"id="bg4" />
73          <img src="./image/bg晴.jpg" alt="周五" class="bg rotate" id="bg5" />
74      </body>
75  </html>
```

在上面的例子中，代码第10～19行展示当日天气情况；第21～68行展示周一至周五天气情况，每一部分分别使用<p>标签和<img>标签定义日期、天气图标、温度、天气情况、风力；代码第69行～73行用于存放周一至周五的背景图片。

搭建完页面结构后，下面使用CSS对页面的样式进行修饰。采用从整体到局部的方式实现图4-1-15所示的效果。weather.css文件代码如下：

```
body{
    margin: 0;
```

```
    height: 100%;
    display:flex;
    flex-direction:column;
    text-align:center;
    background-color:aliceblue;
    background-repeat:no-repeat;
    background-size:cover;
    justify-content:space-between;
}
.st{
    position:absolute;
    left:300px;
    top:100px;
}
.day{
    position:absolute;
    left:300px;
    top:25px;
    color:#ffaa00;
}
.qw{
    font-size:80px;
    color:#ffaa00;
}
.zt{
    color:#ffaa00;
}
.dq{
    color:#ffaa00;

}
img{
    /*width:设置图片显示宽度，高度会自适应*/
    width: 80px;
}
.main{
    z-index:9999;
}
.footer{
    color:#ffaa00;
    /*display:flex 将该标签作为弹性布局的容器*/
    display:flex;
    /*设置item的布局方式*/
    justify-content:space-between;
```

```
47      z-index:9999;
48  }
49  div.section{
50      width:400px;
51      height:300px;
52      margin:0 auto;
53      border:5px solid #00557f;
54      border-radius:0px;
55      background-color:#103ea8;
56  }
57  div.section:hover{
58      border-radius:105px;
59      transition-duration:2s;
60      transition-timing-function: ease-in-out;
61  }
62  div.section img:hover{
63      transform:scale(2,2);
64  }
65  a{
66      color:#ffaa00;
67      text-decoration: none;
68  }
69  /*控制背景图片的样式*/
70  img.bg{
71      width:100%;
72      height:auto !important;
73      min-width:1024px;
74      position:fixed;    /*固定定位*/
75      z-index:1;         /*设置z-index层叠等级为1;*/
76  }
```

代码分析：

① 第1～11行代码对<body>进行初始化设置。

② 第12～16行代码设置当日天气图标为绝对定位到左上角。

③ 第17～22行代码设置当日日期绝对定位到左上角，以及字体颜色设置。

④ 第23～33行代码分别设置温度、日间、地区的字体及颜色。

⑤ 第46行代码设置footer子条目的布局方式。

⑥ 第49～56行代码设置class为section部分的样式。

⑦ 第57～61行代码设置当鼠标滑过div(section)时，div变为圆角矩形。

⑧ 第62～64行代码设置当鼠标滑过天气图标时，图标放大两倍。

⑨ 第70～76行代码设置周一至周五背景图片的样式。

至此，刷新weather.html页面，完成工作日天气预报页面。

视频

知识拓展

进阶训练

一、知识拓展

CSS3除了支持渐变、过渡和转换特效外，还可以实现强大的动画效果。在CSS3中，使用animation属性可以定义复杂的动画。下面将对动画中的@keyframes关键帧以及animation相关属性进行详细讲解。

1. @keyframes

使用动画之前必须先定义关键帧，一个关键帧表示动画过程中的一个状态。在CSS3中，@keyframes规则用于创建动画。在@keyframes中规定某项CSS样式，就能创建由当前样式逐渐变为新样式的动画效果。@keyframes属性的语法格式如下：

```
@keyframes animationname
{
    keyframes-selector{css-styles};
}
```

其中，@keyframes 属性包含的参数具体含义如下：

① animationname：表示当前动画的名称，它将作为引用时的唯一标识，因此不能为空。

② keyframes-selector：关键帧选择器，即指定当前关键帧要应用到整个动画过程中的位置，值可以是一个百分比、from或者to。其中，from和0%效果相同表示动画的开始，to和100%效果相同表示动画的结束。

③ css-styles：定义执行到当前关键帧时对应的动画状态，由CSS样式属性进行定义，多个属性之间用分号分隔，不能为空。

例如，使用@keyframes属性可以定义一个淡入动画，示例代码如下：

```
@keyframes 'appear'
{
    0%{opacity:0;}                /*动画开始时的状态，完全透明*/
    100%{opacity:1;}              /*动画结束时的状态，完全不透明*/
}
```

上述代码创建了一个名为apper的动画，该动画在开始时 opacity为0（透明），动画结束时opacity为1（不透明）。该动画效果还可以使用等效代码来实现，具体如下：

```
@keyframes 'appear'
{
    from{opacity:0;}              /*动画开始时的状态，完全透明*/
    to{opacity:1;}                /*动画结束时的状态，完全不透明*/
}
```

另外，如果需要创建一个淡入淡出的动画效果，可以通过如下代码实现：

```
@key frames 'appeardisappear'
{
```

```
    from,to{opacity:0;}        /*动画开始和结束时的状态，完全透明*
    20%,80%{opacity:1;}        /*动画的中间状态，完全不透明*/
}
```

在上述代码中，为了实现淡入淡出的效果，需要定义动画开始和结束时元素不可见，然后渐渐淡出，在动画的20%处变得可见，然后动画效果持续到80%处，再慢慢淡出。

2. animation-name属性

animation-name属性用于定义要应用的动画名称，为@keyframes动画规定名称。其基本语法格式如下：

```
animation-name: keyframename| none;
```

其中，animation-name 属性初始值为none，适用于所有块元素和行内元素。keyframename参数用于规定需要绑定到选择器的 keyframe的名称，如果值为none，则表示不应用任何动画，通常用于覆盖或者取消动画。

3. animation-duration属性

animation-duration 属性用于定义整个动画效果完成所需要的时间，以秒或毫秒计。其基本语法格式如下：

```
animation-duration: time;
```

其中，animation-duration属性初始值为0，适用于所有块元素和行内元素。time参数是以秒（s）或者毫秒（ms）为单位的时间，默认值为0，表示没有任何动画效果。当值为负数时，则视为0。

例4-1-9 animation-name及 animation-duration属性的使用。

```
<!doctype html>
<html>
    <head>
        <meta charset="utf-8">
        <title>animation-duration 属性</title>
        <style type="text/css">
            div{
                width:100px;
                height:100px;
                background:red;
                position:relative;
                animation-name:mymove;             /*定义动画名称*/
                animation-duration:5s;             /*定义动画时间*/
                /*Safari and Chrome浏览器兼容代码*/
                -webkit-animation-name:mymove;
                -webkit-animation-duration:5s;
            }
            @keyframes mymove{
                from{left:0px;}
                to{left:200px;}
            }
```

```
            @-webkit-keyframes mymove{      /*Safari and Chrome浏览器兼容代码*/
                from {left:0px;}            /*动画开始和结束时的状态*/
                to {left:200px;}            /*动画中间时的状态*/
            }
        </style>
    </head>
    <body>
        <div></div>
    </body>
</html>
```

在例4-1-9中，分别使用 animation-name 属性定义要应用的动画名称，使用animation-duration属性定义整个动画效果完成所需要的时间。另外，使用form和to指定当前帧要应用动画过程中的位置。

运行程序，动画开始时的效果如图4-1-19所示。首先，元素以低速开始，然后加快向右移动，当接近距离左边200像素的位置时速度减慢，直至移动到最右端，效果如图4-1-20所示。最后，元素迅速回到动画开始时的位置。

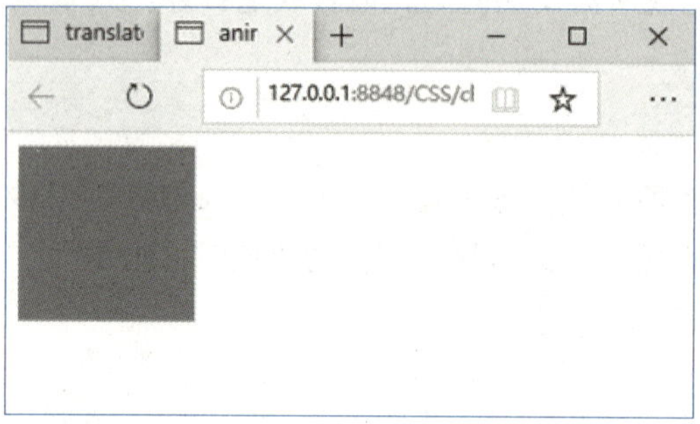

图 4-1-19　动画开始和结束时的状态

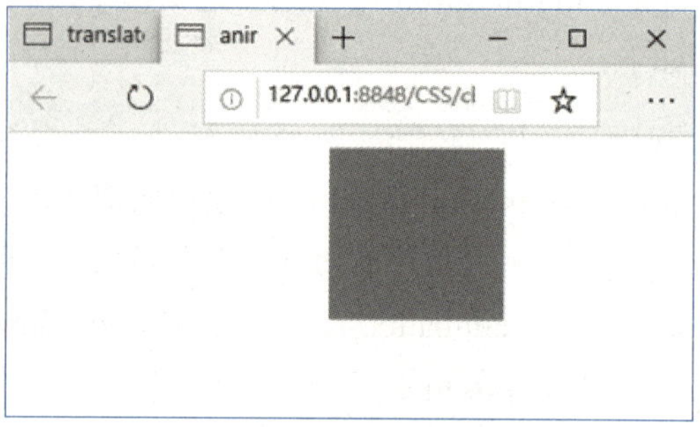

图 4-1-20　动画中间状态向右移动

4. animation-timing-function属性

animation-timing-function用来规定动画的速度曲线，可以定义使用哪种方式来执行动画效果。animation-timing-function属性的语法格式如下：

```
animation-timing-function:value;
```

其中，animation-timing-function的默认属性值为 ease，适用于所有的块元素和行内元素。另外，animation-timing-function还包括linear、ease-in、ease-out、ease-in-out、cubic-bezier(n,n,n,n)等常用属性值，具体见表4-1-6。

表 4-1-6　animation-timing-function 的常用属性值

属 性 值	描　　述
linear	动画从头到尾的速度是相同的
ease	默认值，动画以低速开始，然后加快，在结束前变慢
ease-in	动画以低速开始
ease-out	动画以低速结束
ease-in-out	动画以低速开始和结束
cubic-bezier(n,n,n,n)	在cubic-bezier()函数中自定义n值，n可能的值是从0到1的数值

下面在例4-1-9的基础上演示animation-timing-function属性的用法。

例 4-1-10　animation-timing-function属性的使用。

```
<!doctype html>
<html>
    <head>
        <meta charset="utf-8">
        <title>animation-timing-function属性</title>
        <style type="text/css">
            div{
                width:100px;
                height:100px;
                background:red;
                position:relative;
                animation-name:mymove;                     /*定义动画名称*/
                animation-duration:5s;                     /*定义动画时间*/
                animation-timing-function:linear;          /*定义动画速度曲线*/
                /*Safari and Chrome浏览器兼容代码*/
                -webkit-animation-name:mymove;
                -webkit-animation-duration:5s;
                -webkit-animation-timing-function:linear;
            }
            @keyframes mymove{
                from {left:0px;}
                to {left:200px;}
            }
            @-webkit-keyframes mymove{    /*Safari and Chrome浏览器兼容代码*/
                from {left:0px;}          /*动画开始和结束时的状态*/
                to {left:200px;}          /*动画中间时的状态*/
            }
        </style>
    </head>
    <body>
        <div></div>
    </body>
</html>
```

在例4-1-10中，分别使用animation-name 属性定义要应用的动画名称，使用animation-duration属性定义整个动画效果需要5 s时间，使用animation-timing-function 属性规定动画从头到尾的速度相同。

运行例4-1-10，动画开始时的效果如图4-1-21所示，元素匀速向右移动，直至移动到距离左边200像素的位置，效果如图4-1-22所示。然后，元素迅速回到动画开始时的位置。

5. animation-delay属性

animation-delay 属性用于定义执行动画效果之前延迟的时间，即规定动画什么时候开始。其基本语法格式如下：

```
animation-delay:time;
```

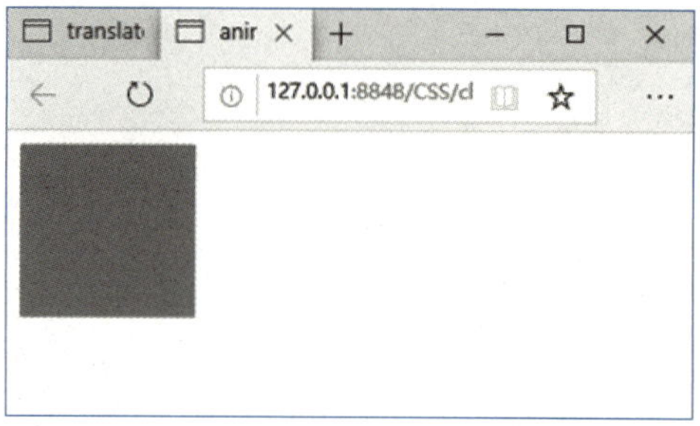

图 4-1-21　动画开始和结束时的状态

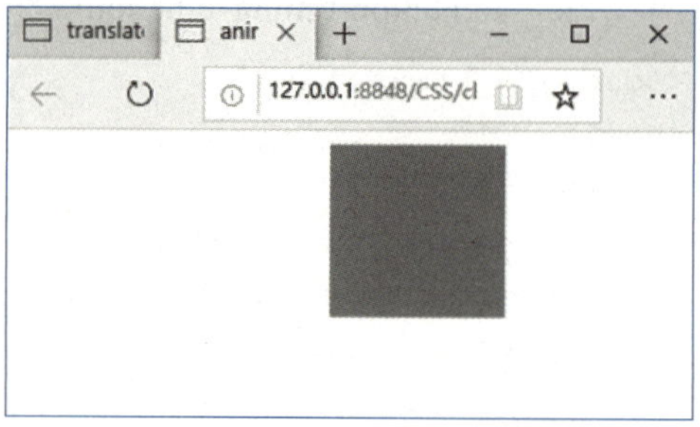

图 4-1-22　动画中间状态匀速向右移动

其中，参数time用于定义动画开始前等待的时间，其单位是 s或者ms，默认属性值为0。animation-delay 属性适用于所有的块元素和行内元素。

下面在例4-1-10的基础上演示animation-delay属性的使用。在CSS中添加如下代码：

```
animation-delay:2s;
-webkit-animation-delay:2s;
```

此时，刷新浏览器页面，动画开始前将会延迟2 s的时间，然后才开始执行动画。

6. animation-iteration-count属性

animation-iteration-count 属性用于定义动画的播放次数。其基本语法格式如下：

```
animation-iteration-count:number|infinite;
```

在上述语法格式中，animation-iteration-count属性初始值为1，适用于所有的块元素行内元素。如果属性值为number，则用于定义播放动画的次数；如果属性值为infinite，则指定动画循环播放。

下面继续在例4-1-10的基础上进行演示。在CSS中添加如下代码：

```
animation-iteration-count:3;
-webkit-animation-iteration-count:3;
```

在上面的代码中，使用animation-iteration-count 属性定义动画效果需要播放3次。此时，刷新页面，动画效果将连续播放3次后停止。

7. animation-direction属性

animation-direction属性定义当前动画播放的方向，即动画播放完成后是否逆向交替循环。其基本语法格式如下：

```
animation-direction: normal|alternate;
```

其中，animation-direction属性初始值为normal，适用于所有的块元素和行内元素。该属性包括两个值：默认值normal表示动画每次都会正常显示；如果属性值是alternate，则动画会在奇数次数（1、3、5等）正常播放，而在偶数次数（2、4、6等）逆向播放。

例4-1-11　animation-direction属性的使用。

```
<!doctype html>
<html>
```

```
    <head>
        <meta charset="utf-8">
        <title>animation-direction属性</title>
        <style type="text/css">
            div{
                width:100px;
                height:100px;
                background:red;
                position:relative;
                animation-name:mymove;                        /*定义动画名称*/
                animation-duration:5s;                        /*定义动画时间*/
                animation-timing-function:linear;             /*定义动画速度曲线*/
                animation-delay:2s;                           /*定义动延迟时间*/
                animation-iteration-count:3;                  /*定义动画的播放次数*/
                animation-direction:alternate;                /*定义动画播放的方向*/
                /*Safari and Chrome浏览器兼容代码*/
                -webkit-animation-name:mymove;
                -webkit-animation-duration:5s;
                -webkit-animation-timing-function:linear;
                -webkit-animation-delay:2s;
                -webkit-animation-iteration-count:3;
                -webkit-animation-direction:alternate;
            }
            @keyframes mymove{
                -from {left:0px;}
                to {left:200px;}
            }
            @-webkit-keyframes mymove{      /*Safari and Chrome浏览器兼容代码*/
                from {left:0px;}            /*动画开始和结束时的状态*/
                to{left:200px;}             /*动画中间时的状态*/
            }
        </style>
    </head>
    <body>
        <div></div>
    </body>
</html>
```

在例4-1-11中，设置animation-direction 属性的属性值是alternate，则动画会在奇数次数正常播放，而在偶数次数逆向播放。

运行程序，动画会在奇数次数正常播放，如图4-1-23所示。而在偶数次数逆向播放，如图4-1-24所示。

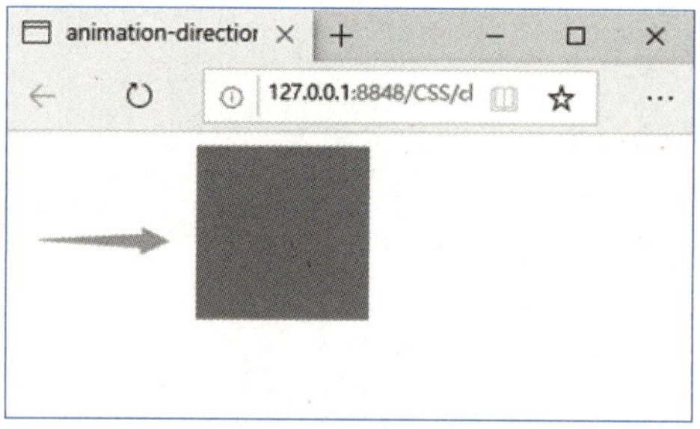

图 4-1-23　动画在奇数次数正常播放

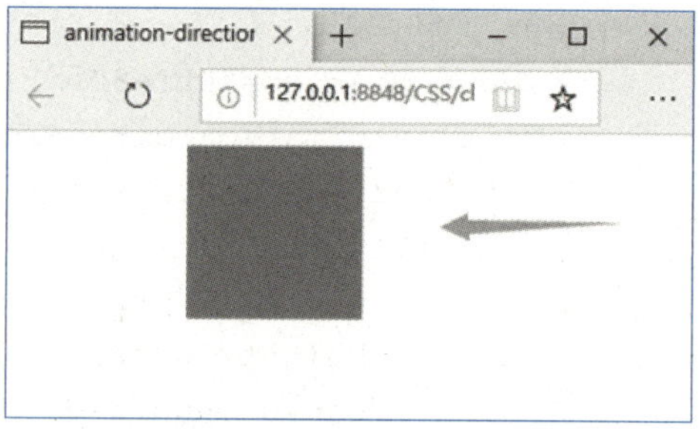

图 4-1-24　动画在偶数次数逆向播放

8. animation属性

与transition属性一样，animation 属性也是一个简写属性，用于在一个属性中设置animation-name、animation-duration、animation-timing-function、animation-delay、animation-iteration-count和animation-direction这6个动画属性。其基本语法格式如下：

```
animation:animation-name animation-duration animation-timing-function
animation-delay animation-iteration-count animation-direction;
```

在上述语法中，使用animation属性时必须指定animation-name和animation-duration属性，否则持续的时间为0，并且永远不会播放动画。

使用animation属性可以将例4-1-11中的第12～17行代码进行简写，具体如下：

```
animation:mymove 5s linear 2s 3 alternate;
```

二、进阶案例

视 频

任务进阶实现

在任务实施的基础上完成天气预报的动画效果，具体要求如下：

当单击网页中的天气矩形框时，网页中的背景图片将发生改变，图4-1-25所示即为单击“周二”矩形框时的网页效果。同时，切换背景图片时会产生不同的动画效果，设置第一个背景图切换的动画为从左向右移动、设置第二个背景图切换的动画为从下向上移动、设置第三个背景图切换的动画为由小变大展开、设置第四个背景图切换的动画为由大变小缩放、设置第五个背景图切换的动画为由小变大旋转。

图 4-1-25　工作日天气预报效果图

课后练习

一、填空题

1. ________属性用于指定应用过渡效果的 CSS 属性的名称，其过渡效果通常在用户将指针移动到元素上时发生。

2. ________属性用于定义过渡效果花费的时间，默认值为 0，常用单位是秒 (s) 或者毫秒 (ms)。

3. transition-timing-function 属性规定过渡效果的速度曲线，默认值为________。

4. ________属性规定过渡效果何时开始，默认值为 0, 常用单位是秒 (s) 或者毫秒 (ms)。

5. ________属性是一个复合属性，用于在一个属性中设置 transition-property、 transition-duration、 transition-timing-function、 transition-delay 四个过渡属性。

6. 在 CSS3 中，使用 transform 属性可以实现变形效果，主要包括 4 种变形效果，分别是________、________、________和________。

二、选择题

1. transition-timing-function 属性规定过渡效果的速度曲线，其默认值为（　　）。

A. ease　　B. linear　　C. ease-in　　D. ease-out

2. 在 2D 变形中，指定元素顺时针旋转 18 度的函数是（　　）。

A. rotateX()　　B. rotateY()　　C. rotate (18deg)　　D. rotate (-18deg)

3. 用于定义动画开始前将会延迟 2 s，然后才开始执行的代码是（　　）。

A. animation-duration:2s;　　B. animation-timing-function:2s;

C. animation-delay:2s;　　D. animation-direction:2s;

4. 设定过渡效果的属性是 border、持续时间是 2 s、过渡曲线是 ease、延迟时间是 1 s 的代码为（　　）。

A. transition:border 2s ease 1s;

B. transition: 2s border ease 1s;

C. transition: ease 1s border 2s;

D. 以上都可以

5. 下列选项中，用于定义变形效果是放大为原来的 1.3 倍的代码是（　　）。

A. scale(1.3);　　B. translate(1.3);　　C. skew(1.3);　　D. rotate(1.3);

三、判断题

1. CSS3 变形是一系列效果的集合，如平移、旋转、缩放和倾斜等，每个效果都被称作变形效果。（　　）

2. 利用 transition 属性可以同时设置元素的过渡属性、过渡时间、过渡曲线和延迟时间。（　　）

3. 利用 transform 属性的 translate() 函数可以实现元素的平移效果。（　　）

任务二 制作天气预报查询页面

任务目标

素质目标：

- 培养学生的逻辑思维能力。
- 培养学生耐心细致、精益求精的工匠精神。

知识目标：

- 掌握JavaScript的基本语法。
- 掌握JavaScript中函数的使用方法。
- 了解事件及事件驱动。
- 了解JavaScript文档对象模型。

能力目标：

- 能够阅读并理解简单的JavaScript程序。
- 能够正确应用JavaScript完成网页动态交互效果。

知识准备

通过前面的学习，已经能够运用HTML5和CSS3技术实现各式各样的网页，但是这样实现的网页最多实现的只是一些小的动画效果。如果想要网页实现真正的动态交互效果（如轮播图、下拉菜单等），就需要使用JavaScript技术。本任务将对JavaScript知识进行详细讲解。

一、JavaScript简介

视 频

JavaScript简介

JavaScript是一种基于Web页面的脚本编程语言，不需要编译，可直接嵌入HTML页面中，实现实时的、动态的、可交互的页面效果。

在日常所见的网页中，到处都有JavaScript的影子。例如，在浏览京东购物网站时，广告轮播图每隔一段时间就会自动切换，如图4-2-1所示；当单击网站导航时会弹出一个列表菜单，如图4-2-2所示。

在HTM中引入JavaScript代码有两种方式：一种是在HTML文档中直接嵌入JavaScript脚本代码，称为内嵌式；另外一种方式是通过链接引入外部JavaScript脚本文件，这种方式称为外链式。

1. 内嵌式

内嵌式即使用一对<script>标签将JavaScript代码插入HTML文档中，其代码可置于<head>…</head>标签之间，称为头脚本；也可以将JavaScript代码置于<body>…</body>标签中，称为体脚本。当浏览器解析网页时，会自动将这段代码解释为JavaScript代码，而不是HTML代码。语法格式如下：

```
<head>
```

```
    <meta charset="utf-8">
    <title></title>
    <script type="text/javascript">
        // 此处为JavaScript代码
    </script>
</head>
```

图 4-2-1　轮播图自动切换

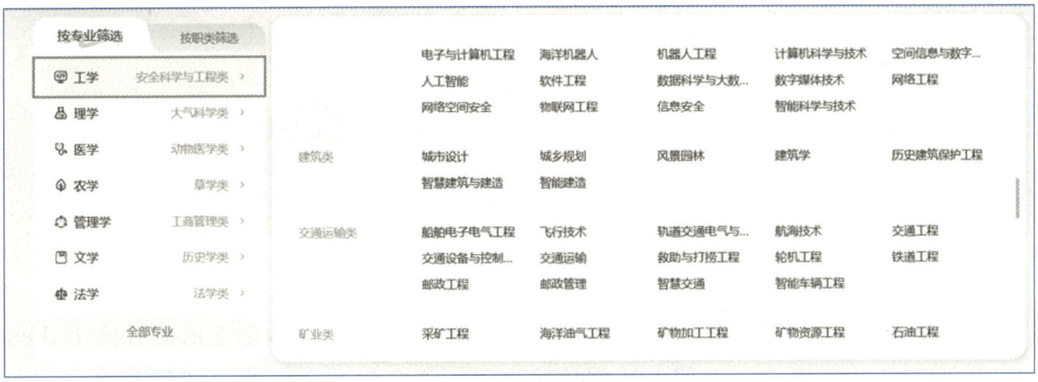

图 4-2-2　列表菜单

说明如下：

① type是用于指定HTML中的脚本语言类型，在HTML5文档中，type属性可以省略。

② <script>标签放在<head>…</head>之间的脚本代码会在页面加载前优先载入，而放在</body>之前的脚本代码会在页面加载完成以后被载入并执行。

③ 如果<script>标签放在<head>…</head>之间，而且要通过JavaScript脚本代码控制body中的元素。此时，由于body元素还未载入，会因找不到元素而报错，因此，一般可绑定一个监听事件，通过事件触发执行JavaScript脚本代码。例如下面的示例代码，此处了解即可。

```
windows.onload=function(){
    //这里放入JavaScript代码即可
```

```
}
```

例 4-2-1 内嵌式的应用。

```
<!DOCTYPE html>
<html>
    <head>
        <meta charset="utf-8">
        <title>内嵌式</title>
    </head>
    <body>
        <h2>本页面演示JavaScript代码的内嵌式使用</h2>
        <script>
            alert("欢迎使用JavaScript");    //在网页弹出的对话框中显示此文字
        </script>
    </body>
</html>
```

程序运行结果如图4-2-3所示。

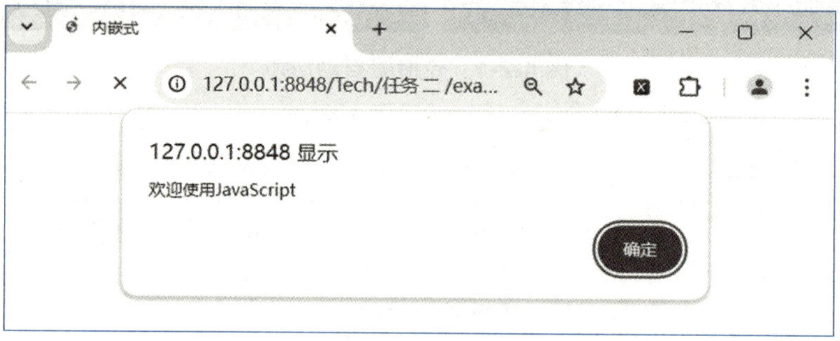

图 4-2-3　JavaScript 的内嵌式使用

温馨提示： 可以在HTML文档中放入不限数量的脚本，脚本也可以同时位于<head>…</head>或者<body>…</body>之间。通常的做法是把函数放入<head>…</head>中，或者放在</body>之前，这样即可不干扰页面的其他内容。

2. 外链式

当JavaScript脚本代码比较复杂或者同一段代码需要被多个网页文件使用时，可以将这些脚本代码放在一个.js文件中，然后通过外链式引入该js文件。其语法格式如下：

```
<head>
    <meta charset="utf-8">
    <title></title>
    <script src="js文件的路径"></script>
</head>
```

例4-2-2　外链式引入JavaScript脚本。

首先创建example4-2-2.js文件，其中代码如下：

```
alert("欢迎使用JavaScript")   //网页弹出窗口显示该文字
```

然后创建example4-2-2.html文件。

```
<!DOCTYPE html>
<html>
    <head>
        <meta charset="utf-8">
        <title>外链式</title>
        <script src="js/example4-2-2.js"></script>
    </head>
    <body>
        <h2>本页面演示JavaScript代码的外链式使用</h2>
    </body>
</html>
```

程序运行结果如图4-2-4所示，效果与图4-2-3一致。

图 4-2-4　JavaScript 的外链式引用

温馨提示：外部文件中的JavaScript代码不能再使用<script>标签。

二、JavaScript语言基础

视 频

JavaScript基础

1. 基本语法

① 执行顺序。JavaScript程序执行顺序同其他编程语言执行规则类似，遵循顺序结构、分支结构、循环结构等代码执行规则。

② 字母大小写敏感。在输入关键字、变量名、函数名等标识时，必须采用正确的大小写形式。

③ 每行语句末尾的分号可有可无。与Java语言不同，JavaScript不要求必须以分号作为语句结束标记。如果语句末尾没有分号，JavaScript会自动将该行代码的结尾作为语句的结尾。但是，为了保证程序的严谨性和健壮性，一般建议添加分号。

④ 注释。JavaScript脚本代码有单行注释和多行注释。

例如：

```
//单行注释
/*多行注释
多行注释
多行注释
多行注释*/
```

2. 常用输入/输出语句

JavaScript是基于对象的脚本编程语言，提供了很多对象和方法。其中常用的prompt()和alert()都是windows对象方法，在使用时可以省略windows对象；write()是document对象方法，在使用时不能省略document对象。下面对这3个常用的输入/输出函数进行详细介绍。

（1）prompt()函数

prompt()函数实现弹出一个提示对话框，可以显示信息及提示用户输入信息，提示对话框具有返回值。基本语法格式如下：

```
prompt("提示信息","默认值");
```

使用说明：

① 第一个参数显示的提示信息，第二个参数是默认值，其中第二个参数可以省略。

② 该函数会有返回值，可以将返回值存放于变量中。

③ 用户单击“取消”按钮，prompt()函数返回值是null；单击“确定”按钮，其返回值是用户输入的字符串。例如：

```
var pro=prompt("请输入你的专业","大数据技术");
```

（2）alert()函数

alert()函数实现弹出一个警示对话框，确保用户可以看到某些提示信息，该函数无返回值。基本语法格式如下：

```
alert("提示信息");
```

使用说明：参数可以是变量、字符串或表达式。例如：

```
alert("你的输入有误！");
```

（3）write()函数

write()函数实现在当前网页文档中输出信息。基本语法格式如下：

```
document.write("输出信息");
```

使用说明：

① 参数可以是变量、字符串或表达式。

② 字符串中可以包含HTML标记或者脚本代码。

例如：

```
document.write ("<strong>大家好,我是张三</strong>");
```

运行后，网页上即显示加粗效果的“大家好，我是张三”字样。

3. 变量

程序的运行过程中，可能会产生一些临时数据，或者当一个数据需要多次使用时，可以使用变量将数据存储起来。变量指程序中一个已经命名的存储单元，其主要作用是为数据操作提供存放信息的容器。

（1）JavaScript的变量命名规则

① 变量名由字母、数字或者下画线组成，但是数字不能放在变量首位。

② 变量名不能包含空格、加减等符号。

③ 不能使用JavaScript关键字作为变量名，如var、int等。

④ 变量名严格区分大小写，如 name和Name代表两个不同的变量。

温馨提示： 虽然JavaScript变量可以在遵守命名规则的基础上任意命名，但是在编程中，建议遵循“见名知意”的规则，这样更便于记忆，提高程序的可读性。

（2）变量的声明和赋值

在JavaScript中，所有的变量都由关键字var声明，可以一次声明一个变量，也可以一次声明多个变量，不同变量用逗号隔开。例如：

```
var name;                          //一次声明一个变量
var age,class,gender;              //一次声明多个变量
```

声明变量时可以不初始化，此时默认值为undefined，也可以在声明的同时给变量赋值。例如：

```
var name="张月";                    //在声明的同时初始化变量
var age=19,class="1班",gender;
gender="女";
```

使用var声明的变量可以多次赋值，但最终变量的值只取最后一次所赋的值。例如：

```
var  name="张月"
name="李华"
name=3
```

最终变量name的值是3。由此也可以看出，在定义变量时可以先不管其数据类型，而最终变量的数据类型将根据最后存放的值确定。

温馨提示： 变量也可以不用var提前声明而直接使用。这样虽然操作简单，但不易发现变量命名方面的错误。因此，建议先声明变量，再使用变量。

4. 数据类型

JavaScript是一种弱类型的语言，在定义数据（或变量）时不必指明数据类型，其数据类型通过赋值来确定。JavaScript支持的数据类型分为三类：基本数据类型、引用数据类型和特殊数据类型，具体见表4-2-1。

表 4-2-1 JavaScript 的数据类型

分　类	类　型	说　明
基本数据类型	数值型	整型，可以用十进制、八进制、十六进制数来表示
		浮点型，使用普通小数形式和指数形式
	字符串型	表示文本数据，用单引号或者双引号引起来，可以包含任意字符
	布尔型	逻辑型，只有两个值：逻辑真（true）和逻辑假（false）
引用数据类型	支持对象编程的类型	对象、函数等
特殊数据类型	null	表示空，当前为空值
	undefined	未赋值变量
	NaN	表示“非数值”，由于某种原因发生计算错误，产生没有意义的数据
	转义字符	控制字符，以“\”开头，使用转义字符可以在字符串中添加不可显示的特殊字符

温馨提示： 可以使用typeof运算符查看变量的数据类型。例如：

```
var answer=typeof a;    //即返回变量a的数据类型
```

运算符和表达式、流程控制语句等均与其他常用计算机编程语言使用方法一致，因篇幅有限，此处不再赘述。

视 频

JavaScript函数

三、JavaScript函数

在JavaScript中，经常会遇到同一段代码或者功能类似的代码需要多次使用的情况，如果每次都重复书写，将大幅增加开发人员的工作量，而且也不利于代码的后期维护。为了使代码更简洁且能够重复使用，通常将这部分代码定义为一个函数。

1. 函数的基本结构

函数是由一系列语句组成的可以实现某种功能的逻辑单元，在JavaScript中，函数使用关键字function定义。函数的声明格式如下：

```
function 函数名([参数1,参数2,...]){
    函数体;
    [return 表达式]
}
```

参数说明：

① function：定义函数的关键字，注意采用小写形式。

② 函数名：必选，在同一页面中，函数名必须是唯一的，函数名的命名规则也要遵守变量命名规则，最好“见名知意”。

③ 参数：可选项，用于接收外界传递给函数的值，当有多个参数时，用逗号隔开，简称形参。

④ 函数体：必选，用于实现函数的功能。

⑤ return语句：可选项，用于返回函数的返回值。

2. 函数的调用

函数定义以后，并不会自动执行，而是需要在使用时进行函数的调用。函数的调用格式如下：

```
函数名([参数1,参数2...]);
```

通常，函数定义时有几个形参，在函数调用时就给出几个实参，实参之间也是用逗号隔开。

例 4-2-3　函数的使用举例。

```
<!DOCTYPE html>
<html>
    <head>
        <meta charset="utf-8">
        <title>函数的调用</title>
        <script>
            //定义函数
            function show_str(){
                alert("欢迎学习JavaScript! ");
            }
            //调用函数
            show_str();
        </script>
    </head>
    <body>
    </body>
</html>
```

程序运行结果如图4-2-5所示。

图 4-2-5　函数的使用

四、JavaScript对象

在JavaScript中，一切数据都可以看成对象，如字符串、数值、函数、数组等都是对象。对象一般包含属性和方法。属性看作对象成员的变量，表明对象的特征状态；方法作为对象成员的函数，表明对象的行为。具体含义如下：

① 属性：描述对象特性的数据，即若干变量。

② 方法：可对对象进行操作的若干动作，即若干函数。

在JavaScript中，通过访问或者设置对象的属性、调用对象的方法，就可以对对象进行各种操作。在程序中若要使用对象的方法或者属性，需要在对象后面加一个点“.”，然后再加上属性名或者方法名。调用格式如下：

```
screen.width              //调用对象属性
Math.sqrt(x)              //调用对象方法
```

在上述代码中，第一行代码表示调用screen对象的width属性，获取该对象的宽度；第二行代码表示调用Math对象的sqrt()方法，获取x的平方根。

JavaScript提供了许多内置对象，本书介绍网页制作中最常用的document对象。document表示文档对象，包含了大量的属性和方法，代表整个HTML文档。每一个载入浏览器的HTML文档都称为document对象，只有通过document对象，才能获取某个HTML文档中的对象。

五、DOM简介

视 频

DOM介绍

网页文档在浏览器上进行解析时会自动转换成一个模型，这个模型就是DOM（document object model，文档对象模型）。通过该模型，JavaScript脚本代码可以对网页内容进行修改与操作。

1. DOM

浏览器进行解析时，会按照树状的层级关系（见图4-2-6）构建文档对象模型，如图4-2-7所示。

```
<html>
    <head>
        <meta charset="utf-8">
        <title>DOM树结构</title>
    </head>
    <body>
        <h1>水果</h1>
        <ul>
            <li>苹果</li>
            <li>香蕉</li>
            <li>葡萄</li>
        </ul>
    </body>
</html>
```

图 4-2-6　网页文档结构

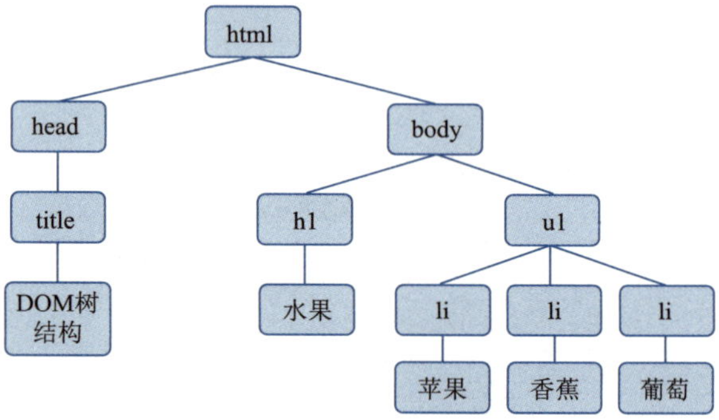

图 4-2-7　树状层级结构模型

在这个树状结构模型中，把每一个层级模块称为“节点”（HTML文档中所有的内容都是节点），因此也称为“节点树”。图4-2-7中的head、body、li等都是节点。当获取节点后，就可以使用JavaScript脚本控制与这个节点对应的网页文档标签。

根据节点层级关系的不同，可以把节点分为根节点、父节点、子节点、兄弟节点。具体介绍如下：

① 根节点：位于节点树的最顶层，如图4-2-7中的html。

②父节点：某个节点的上一级节点，如图4-2-7中ul是3个li的父节点。

③子节点：某个节点的下一级节点。如图4-2-7中li是ul的子节点。

④兄弟节点：具有相同父节点的几个节点，如图4-2-7中的body和head。

2. 获取节点元素

每个节点对象都有一系列属性和方法，在JavaScript中，要想控制某个节点，首先需要查找这个节点，然后通过其属性和方法，设置该节点。获取节点元素的常用方法见表4-2-2。

表 4-2-2　获取节点元素的方法

分　类	方　法	说　明
获取单个元素	document.getElementById(id)	获取指定 id 的页面元素对象
	document.querySelector(selector)	获取指定选择器的页面元素对象
获取元素集合	document.getElementsByName(name)	获取指定 name 属性值的页面元素对象集合
	document.getElementsByTagName(tag)	获取指定标记的页面元素对象集合
	document.getElementsByClassName(class)	获取指定类的页面元素对象集合
	document.querySelectorAll(selector)	获取指定选择器的页面元素对象集合

例如，获取网页中id为txt_name的文本框内容，可使用如下代码：

```
document.getElementById('txt_name').value;
```

3. 设置元素样式

JavaScript可以通过style等元素属性进行节点元素的样式操作，见表4-2-3。

表 4-2-3　元素的常用属性

类　型	属性/方法	说　明
元素	innerHTML	获取或设置元素的HTML内容
样式属性	className	获取或设置元素的class属性
	style	获取或设置元素的style样式属性
位置属性	offsetWidth、offsetHeight	获取或设置元素的宽度和高度
	scrollTop、scrollLeft	获取或设置元素在网页中的位置
属性操作	getAttribute()	获得元素指定属性的值
	setAttribute()	为元素设置新的属性
	remove Attribute()	为元素删除指定的属性

4. 事件及事件驱动

事件（event）指可以被JavaScript侦测到的一种交互行为，这些行为有单击鼠标、滚动屏幕等。事件是一种“触发-响应”机制，行为产生后，对应的事件就被触发，事件对应的驱动程序（处理事件的函数）就会被调用，从而使网页具有交互效果。

常用的JavaScript事件可以分为鼠标事件、键盘事件、表单事件和页面事件。表4-2-4所示为JavaScript常用事件。

表 4-2-4　JavaScript 常用事件

类　别	事　件	事件触发说明
鼠标事件	onclick	鼠标单击时触发
	ondbclick	鼠标双击时触发
	onmousedown	按下任意鼠标按键时触发
	onmouseup	释放鼠标按键时触发
	onmouseover	鼠标被移入某个元素时触发
键盘事件	onkeydown	按下任意键盘按键时触发
	onkeyup	键盘按键弹起时触发
表单事件	onblur	表单元素失去焦点时触发
	onfocus	表单元素获取焦点时触发
	onreset	表单被重置时触发
	onsubmit	表单被提交时触发
页面事件	onload	页面加载时触发

在JavaScript中，事件驱动方式有多种方式，下面介绍两种常用的方式。

（1）行内绑定

通过设置HTML标签的事件属性实现事件的调用。具体语法格式如下：

```
<标签  事件="事件处理程序">
```

其中，标签可以是任意HTML标签，事件处理程序是指事件触发后执行的代码。例如：

```
<button  value="点我试试" onclick="alert('点击 成功')">
```

（2）动态绑定

动态绑定可以很好地解决JavaScript代码与HTML代码混合编写的问题。下面通过实例进行说明。

例 4-2-4　动态绑定的使用方法。

```
<!DOCTYPE html>
<html>
    <head>
        <meta charset="utf-8">
        <title>事件的动态绑定</title>
    </head>
    <body>
        <button id="btn" >确定</button>
        <script>
            var btn=document.getElementById("btn");
            btn.onclick=function(){                              //单击按钮执行匿名函数
                alert("确认成功！");
            }
        </script>
```

```
        </body>
  </html>
```

程序运行结果如图4-2-8所示。

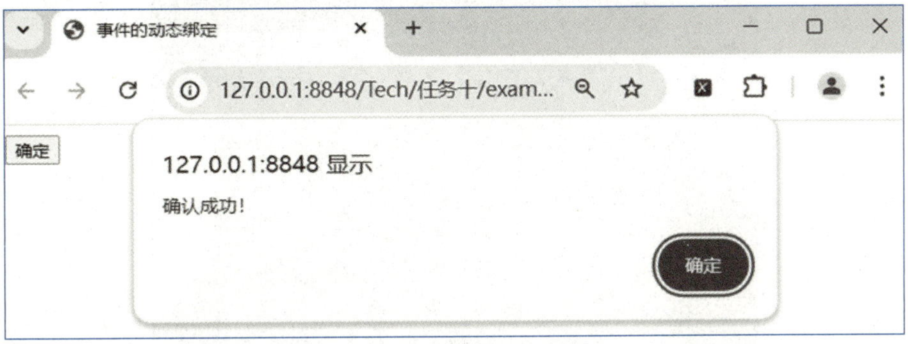

图 4-2-8　动态绑定示例

任务实施

视　频

任务实施

一、页面效果

本任务是设计并制作天气预报查询页面，效果如图4-2-9～图4-2-11所示。

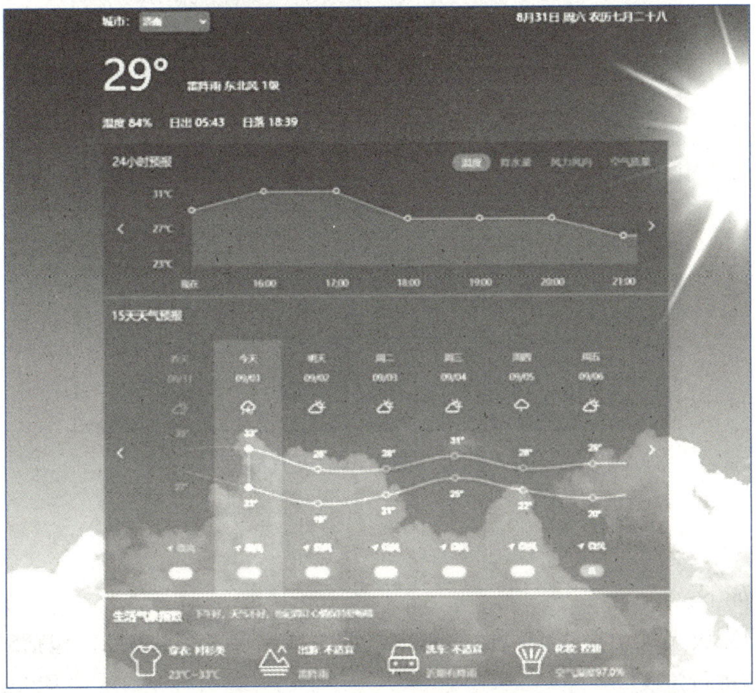

图 4-2-9　济南晴天天气界面

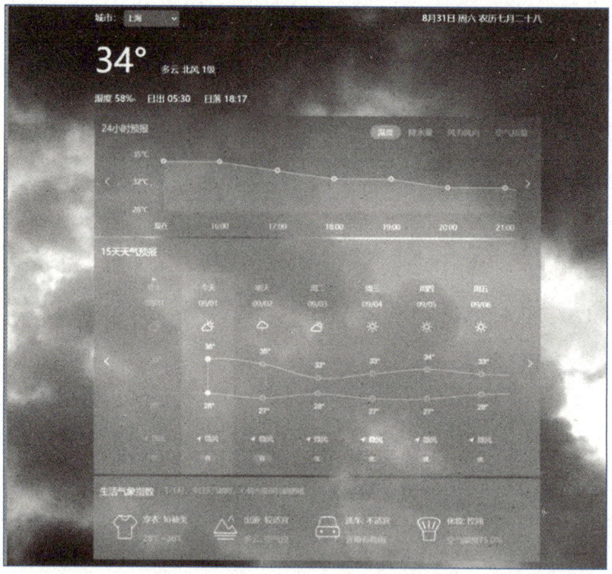

图 4-2-10　上海多云天气界面

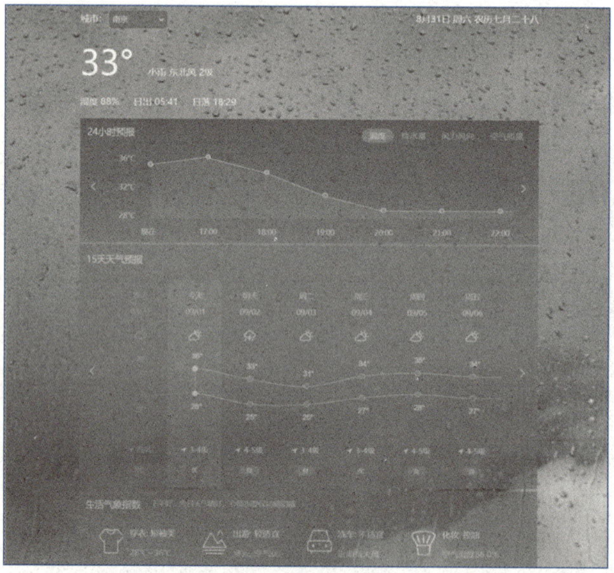

图 4-2-11　南京小雨天气界面

二、任务要求

具体任务要求如下：

① 按照效果图完成天气预报查询页面的制作，页面布局参考图4-2-12，包括5个模块，这些模块均可使用<div>标签进行定义。

② 城市选择采用下拉框的形式，用<select>标签实现，在js文件中，对该标签添加监听change事件，当选项发生变化时，触发该事件。

③ 24 h天气预报、15天天气预报和生活指南模块，均使用图片展示，需要设置图片的背景透明度opacity。

④ JavaScript实现页面的交互。

三、实施步骤

具体实施步骤如下：

① 新建sky_search.html，将网页标题栏内容设置为“天气预报查询”。

② 参考网页布局图4-2-12，将网页分为城市选择、天气详细信息、24 h天气预报、15天天气预报以及生活指南5部分，分别使用4个div进行布局。

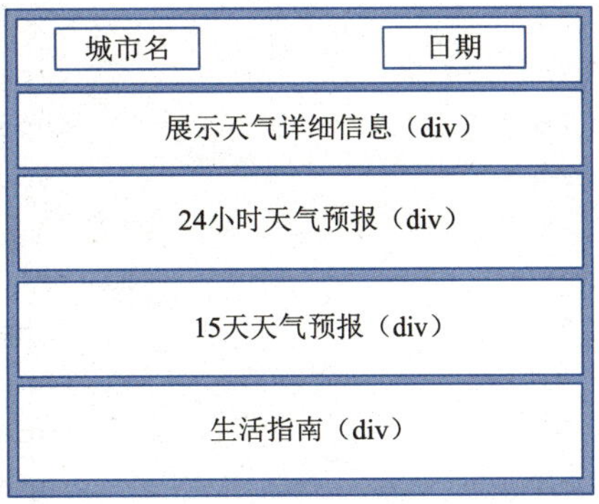

图 4-2-12　天气预报查询网页结构图

③ 新建sky_search.css文件，对网页进行样式设置，并用<link>标签引入该样式文件。

④ 新建sky_search.js文件，主要用于实现页面的交互效果：当选择不同的城市时，页面显示该城市的天气以及与天气情况相应的body背景，显示该城市当前的天气信息以及24 h天气预报、15天天气预报和生活指南。通过对<select>标签添加监听change事件，当选项发生变化时，触发该交互动作。

四、代码实现

sky_search.html代码实现如下：

```
<!DOCTYPE html>
<html>
    <head>
        <meta charset="utf-8">
        <title>天气预报查询</title>
        <link href="css/sky_search.css" type="text/css" rel="stylesheet" />
        <script src="js/sky_search.js"></script>
    </head>
    <body>
        <div class="content">
            <!-- 展示城市 -->
            <div class="head">
                <span>城市：</span>
                <select id="myselect">
                    <option value="0" selected>济南</option>
                    <option value="1">上海</option>
                    <option value="2">南京</option>
                </select>
                <p>8月31日 周六 农历七月二十八</p>
            </div>
            <!-- 展示天气详细信息 -->
            <div class="info">
                <div class="info_1">
```

```
24                  <span id="wendu">29°</span>
25                  <span id="tianqi">雷阵雨</span>
26                  <span id="fengxiang">东北风</span>
27                  <span id="speed">1级</span>
28              </div>
29              <div class="info_2">
30                  <span>湿度</span>
31                  <span id="shidu">84%</span>
32                  <span>日出</span>
33                  <span id="richu">05:43</span>
34                  <span>日落</span>
35                  <span id="riluo">18:39</span>
36              </div>
37          </div>
38          <div class="hour_24">
39              <img id="img_24h" src="image/jn_24h.jpg" width="800">
40          </div>
41          <div class="day_15">
42              <img id="img_15d" src="image/jn_15d.jpg" width="800" />
43          </div>
44          <div class="life">
45              <img id="img_life" src="image/jn_life.jpg" width="800"alt="">
46          </div>
47      </div>
48  </body>
49  </html>
```

在上述代码中，第14～18行使用了一对<select>标签实现不同城市的选择，其中第一个<option>选项使用了selected属性，表示网页加载后默认选中该选项。

搭建完页面结构后，下面使用CSS对页面的样式进行修饰。采用从整体到局部的方式实现图4-2-7所示的效果。zhaopin.css文件代码如下：

```
*{  padding:0;
    margin:0;
    list-style:none;
    text-decoration:none;}
body{
    height:100%;
    background:url("../image/晴天.jpg") no-repeat;
    background-size:cover;
}
span{
    display:inline-block;
}
.content{
```

```
14      width:800px;
15      margin:0 auto;
16      padding:10px;
17  }
18  .head{
19      color:#fff;
20  }
21  .head p{
22      float:right;
23  }
24  select{
25      background-color:rgb(134,142,170,0.7);
26      width:100px;
27      height:30px;
28      border-radius:5px;
29      color:#f9f9f9;
30  }
31  .info{
32      color:#fff;
33  }
34  .info_1{
35      margin:20px 0px;
36  }
37  .info_1 span:nth-child(1){
38      color:#fff;
39      font-size:60px;
40      margin-right: 20px;
41  }
42  .info_2{
43      margin-bottom:20px;
44  }
45  .info_2 span:nth-child(2),.info_2 span:nth-child(4){
46      margin-right:20px;
47  }
48  img{
49      opacity:0.7;
50  }
```

代码分析：

第11行，display: inline-block;将网页中所有的<span>标签设置为行内块属性，便于后期设置内外边距等属性。

第49行，opacity: 0.7;设置所有的图片透明度为0.7。

最后，新建sky_search.js，实现网页的交互效果。代码如下：

```
window.onload=function() {
    var select=document.getElementById("myselect");
```

```
    var wendu=document.getElementById("wendu");
    var qianqi=document.getElementById("tianqi");
    var fengxiang=document.getElementById("fengxiang");
    var speed=document.getElementById("speed");
    var shidu=document.getElementById("shidu");
    var richu=document.getElementById("richu");
    var riluo=document.getElementById("riluo");
    var img24=document.getElementById("img_24h");
    var img15=document.getElementById("img_15d");
    var img_life=document.getElementById("img_life");
    //定义数组，数组成员为对象
    var infos=[{city:"jinan",wendu:"29°",tianqi:"晴天",fengxiang:"东北风",
        speed:"1级",shidu:"42%",richu:"05:43",riluo:"18:39",
        hour_24:"image/jn_24h.jpg",day_15:"image/jn_15d.jpg",
        life:"image/jn_life.jpg"
    }, {
        city:"shanghai",wendu:'34°',tianqi:"多云",fengxiang:"北风",speed:"1级",
        shidu:"58%",richu:"05:30",riluo:"18:17",hour_24:"image/sh_24h.jpg",
        day_15:"image/sh_15d.jpg",life:"image/sh_life.jpg"
    }, {
        city:"nanjing",wendu:'33°',tianqi:"小雨",fengxiang:"东北风",speed:"2级",
        shidu:"88%",richu:"05:41",riluo:"18:29",
        hour_24:"image/nj_24h.jpg",
        day_15:"image/nj_15d.jpg",
        life:"image/nj_life.jpg"
    }];
    //获取select标签当前的选中值
    var s_value=select.value;
    //监听select的改变动作
    select.addEventListener("change",function(){
        s_value=select.value;
        for (let i=0;i<infos.length;i++){
            if (i==s_value){
                if(infos[i].tianqi=="多云")
                {
                    //设置body背景
                    document.body.style.background="url('image/多云.jpg') no-repeat ";
                    document.body.style.backgroundSize="cover";
                }
                else if(infos[i].tianqi=="晴天"){
                    document.body.style.background="url('image/晴天.jpg') no-repeat";
                    document.body.style.backgroundSize="cover";
                }
                else if(infos[i].tianqi=="小雨"){
                    document.body.style.background="url('image/雨天.jpg') no-repeat";
```

```
48                  document.body.style.backgroundSize="cover";
49              }
50          wendu.innerHTML=infos[i].wendu;
51          tianqi.innerHTML=infos[i].tianqi;
52          fengxiang.innerHTML=infos[i].fengxiang;
53          speed.innerHTML=infos[i].speed;
54          shidu.innerHTML=infos[i].shidu;
55          richu.innerHTML=infos[i].richu;
56          riluo.innerHTML=infos[i].riluo;
57          img24.setAttribute("src",infos[i].hour_24);
58          img15.setAttribute("src",infos[i].day_15);
59          img_life.setAttribute("src",infos[i].life);
60              }
61          }
62      });
63  }
```

代码分析：

第2～12行，使用document.getElementById()函数获取所有值会发生变化的元素。

第13～27行，定义了一个对象数组，将3个城市的天气信息存储其中。

第31行，为<select>标签添加监听事件change，当监听到选项有变化时，触发动作。

第50～56行，使用innerHTML对象属性改变元素显示值。

第57～59行，使用setAttribute()函数更改<img>标签的src属性。

至此，刷新sky_search.html页面，完成天气预报查询页面制作。

进阶训练

进一步优化图3-2-6所示的城市宣传片网页，要求单击右侧图文区域时，播放相应的视频，同时文字变为黄色，代表正在播放此视频。网页效果如图4-2-13所示。

图 4-2-13　山东城市宣传片效果图

视　频

任务进阶实现

课后练习

一、选择题

1. 以下变量名非法的是（　　）。

   A. num_2　　B. 2num　　C. sum　　D. _num

2. 运行以下 JavaScript 代码后返回值是（　　）。

```
var f=false;
document.write(typeof(f));
```

   A. null　　B. undefined　　C. string　　D. boolean

3. JavaScript 中定义函数的关键字是（　　）。

   A. function　　B. func　　C. var　　D. new

4. JavaScript 中常用的输出语句不包括（　　）。

   A. prompt　　B. alert　　C. write　　D. print

5. 下列选项中，不属于鼠标事件的是（　　）。

   A. onclick　　B. onmouseover　　C. onchange　　D. onmousedown

6. 以下（　　）对象包括了 alert() 方法。

   A. window　　B. document　　C. location　　D. body

7. 若使用 JavaScript 设置元素 box 的背景颜色为红色，以下代码正确的是（　　）。

   A. box.style.backgroundColor="#F00"　　B. box.backgroundColor="#F00"

   C. box.background-color="#F00"　　D. box.style.background-color="#F00"

二、判断题

1. JavaScript 既可以用于 Web 客户端应用，也可以用于 web 服务器端应用。（　　）
2. 在 JavaScript 中可以用十六进制形式来表示浮点数常量。（　　）
3. 在定义 JavaScript 变量中，一定要指出变量名和值。（　　）
4. JavaScript 规定在使用中任何变量之前必须先使用 var 声明它。（　　）
5. 代码 box.style.width="200px"; 可以实现将 box 元素的宽度设为 200 px。（　　）